引力 × 慣性 × 摩擦力……
滾、滑、拋、飛，帶你破解生

當地球落在蘋果上

輕鬆有趣的課外物理學

摩擦力不只讓車子煞住，還讓你的腦袋卡住？
萬有引力牽著天體轉，也拉著你掉進力學的奇妙世界

王長連 著

學物理不必燒腦，讓你笑著學、玩著懂！

目 錄

前言	007
推薦序	011
第一章　別忘了牛頓	015
第二章　摩擦力真神奇	041
第三章　有趣的空氣阻力	065
第四章　速度與加速度	083
第五章　生活中的力學	115
第六章　人體的運動	169

目錄

第七章	工程中的力學	183

第八章	天體運行的力學	205

第九章	故事中的力學	239

編後記　263

主要參考文獻　269

前言

　　俗語云:「書是人類智慧的寶庫,是取之不盡用之不竭的。」人們讀書就要選書,選書的標準不外乎這三條:一是書中所講內容對自己增加知識、提高覺悟、提升工作能力有沒有作用;二是書寫得是否簡明扼要,內容是否有趣,可供人消遣;三是自己能否看懂。下面就以這三條選書標準談談本書的特點。

前言

一、書之內容

在生活中，存在著許許多多有趣的力學問題，本人身為力學老師，又喜歡涉獵這方面的數據，經過十多年的學習累積，才編寫成這本《當地球落在蘋果上，輕鬆有趣的課外物理學》。主要涉及的內容有：牛頓運動定律，生活中的力學問題，人體運動涉及的力學問題，工程中常見的力學問題，天體運行的力學知識，涉及力學知識的寓言等。

二、書之寫法

本書所涉及的知識較廣，有物理學、力學、天文學、文學等知識。就力學而言，也涉及流體力學、空氣動力學、理論力學、材料力學、斷裂力學等。可能有的讀者會想，就這麼一本書，涉及這麼多的科學文化知識，這不是一個大雜燴嗎？況且，一門力學就那麼難學，它涉及這麼多學問，且大多數知識都沒有專門在書中系統性講解過，那怎能讓一般人讀得懂呢？其實這是一個小小的誤會。因為它不像教科書那樣直接講述這些知識、技術，而是以人類生活中有趣的事為主線，敘述了其中涉及的力學與其他相關學科的知識，敘述

方法大部分採用淺說和趣談，或科學小故事，再加上適當的注解、圖表、知識加油站、溫馨提示等，讀者只要具有國中以上的基礎知識，就可輕鬆讀懂大部分內容。話又說回來，若一本書沒有讓人感興趣的新知識，一看全懂，那讀這樣的書又有什麼意思呢？

三、讀者對象

一位讀者來信說：「我非常喜歡這門趣味力學。它的寫作方式我很喜歡，它擺脫了課本知識的死板，融入了很多生動有趣的事例，豐富了我們的力學知識，這些知識是在其他教科書上學不到的。」

總之，這本書涉及內容廣泛，寫得深淺適度，有廣大的讀者群，不同的讀者可有不同的收穫。青少年能從中了解生活的豐富多彩，能體會出每件生活瑣事中都有它的科學道理，從而提高對科學的興趣，對學習物理、化學、語文都有好處；對於廣大科技工作者而言，用業餘時間翻翻看看，一進行消遣，二也增加一些生活常識，興許能給自己的工作帶來意想不到的裨益；對於老師而言，除有上述裨益外，還可以獲得一些深入淺出的力學教學案例，從而提高教學效果；

前言

即使是老年朋友，沒事翻翻看看，多掌握點生活道理，擴大生活視野，提高生活興趣，對健康也是有益無害的。

生物是美的，各種物件也是美的；地球是美的，整個宇宙也是美的。試問這些美跟什麼有關呢？當然是多方面因素的集合，但其中最主要的因素就屬力的效應了。

這本書就像一個吃百家飯長大的孩子，在編寫過程中，參考了一些人的寶貴資料，其中重要資料名稱在書後一一列出，在此衷心表示謝意。另外，特對丁光宏、武際可、李鋒教授等作者表示衷心的感謝，若沒有他們的辛苦，也就沒有本書的問世。

由於本書涉及的知識較廣，加上作者知識有限，可能會出現一些這樣或那樣不妥之處，望讀者指正，以便再版時修正。

推薦序

推薦序

「力學真枯燥，一翻開書本，裡面不是受力分析，便是計算公式，又抽象又難學，一點趣味也沒有。」在學生當中，時不時可以聽到這樣的說法。對此，王長連教授聽在耳中，記在心裡，十多年前便立下心願：一定要寫一本有趣味、能引起學生學習興趣、也適合各個不同層次的人閱讀的普及力學知識的書。

王長連教授經過十幾年，如蜜蜂採百花之蜜似的辛勤蒐集、篩選、累積了大量的資料，經過精心「釀造」的科普書擺在了我們面前，筆者有幸在此書出版之前得以先睹之。閱讀過程中，那「先睹為快」之感，趣味無窮之情，實是只可心領神會之，卻是無法形諸筆墨而言表之。

原來力學離我們這麼近，在我們的日常生活之中無處不在，而又趣味無窮！從寓言故事到牛頓運動定律；從迴力鏢到逆風行駛的帆船……王長連教授在力學方面造詣頗深，為向我們介紹這些林林總總的知識，信手拈來便成佳作。

由於篇幅有限，筆者不在這裡對書的內容進行論說，只想告訴同學們筆者讀這本書時的一些感想：善讀書者，不僅能從此書中學到很多力學知識並激發學習力學的興趣，同時更能看到王長連教授一生做人、做學問的孜孜以求、樂此不疲、鍥而不捨的高貴品質和精神。

這本書的第二章根據日常生活中的摩擦現象，說明了摩擦力無處不在的道理，以人坐雪橇從斜坡上能滑多遠為例，說清了摩擦力的計算問題，進而導出了摩擦力的計算公式。第三章更是妙趣橫生，從在空中飛揚的種子和果實、令人捏把冷汗的傘技，到風箏何以升空、槍彈的空氣阻力等現象，輕輕鬆鬆地說明了空氣阻力無所不在，而且時時刻刻影響著人的生活，由此再引出帆船逆風行駛的原理。

　　一章一章讀下來，讀完全書之後，掩卷細細品味，讀者會豁然開朗。萬事萬物都有學問，都可以作為科學研究的對象。今天的教授、學者、科學家，原是昨天的學生，並且是終身都在不懈努力學習的學生。而今天的學生，將是明天的教授、學者、科學家以至國家之棟梁！

　　如花似錦而又艱苦曲折的萬里征途上，科學知識會為諸位灑滿光輝燦爛的金色陽光！

　　藉王教授編著的《當地球落在蘋果上，輕鬆有趣的課外物理學》出版之機，寫了以上一些文字，願與讀此書的讀者共勉。

王仁勳

推薦序

第一章　別忘了牛頓

　　所謂力，就是物體間的相互作用。它不能脫離物體而單獨存在，它能使物體發生位置改變和形變；它是一種定位向量，向量的作用效果決定力的大小、方向和作用點。牛頓是一位偉大的科學家，提出了牛頓運動定律。牛頓的萬有引力定律，是建立在他對力的基本性質的研究基礎之上的，也是分析和總結前人研究成果的結晶。有人說，自愛因斯坦提出相對論後，牛頓運動定律就過時了。這是誤傳，至今它仍然是經典力學的基本定律。本章的任務就是淺析力的性質和牛頓運動定律。

第一章　別忘了牛頓

1.1　伽利略發現「自由落體定律」

如果兩個物體從同一高度下落,是重的物體先落地,還是輕的物體先落地呢?也許有的人會想當然地說:「一定是重的物體先落地。」其實不然。根據自由落體定律,這兩個物體幾乎會同時落地。

不過,古希臘哲學家亞里斯多德卻說:「兩個物體從同一高度自由下落,它們下落的速度與質量成正比。」意思是,從同一高度落下的物體,重的物體先落地。長期以來,這個結論被認為是真理,沒有人敢懷疑。最先對此提出疑問的是義大利青年伽利略,他認為亞里斯多德的結論有些自相矛盾。若依照亞里斯多德的結論,假設有兩塊石頭,大的石頭質量為 8,小的石頭質量為 4,則大的石頭下落速度為 8,小的石頭下落速度為 4。當兩塊石頭被綁在一起時,下落快的石頭會被下落慢的石頭拖慢,所以整個體系(將綁在一起的大石頭與小石頭視作一個整體)的下落速度在 4～8 之間。但是,兩塊綁在一起的石頭總質量為 12,下落速度也應大於 8。

當時,大家都認為這個年輕人膽大妄為,不知天高地厚。為了證實自己的判斷,伽利略宣布,他要在比薩斜塔(圖 1-1)當眾做一個實驗。這天,風和日麗,人們早早來到斜塔下,觀看伽利略的實驗。伽利略雙手各拿一個鐵球,鎮

1.1 伽利略發現「自由落體定律」

定地走上斜塔。這兩個鐵球大小相同，但一個是實心，一個是空心。只見伽利略同時鬆開雙手，兩個鐵球在人們的驚呼聲中，同時落到地上。就這樣，伽利略向世界證明了自由落體定律。

圖 1-1 比薩斜塔

伽利略的成功告訴我們，勇於大膽提出懷疑，是探索和發現真理的第一步。

知識加油站：比薩斜塔實驗的另一種說法

日本左卷健男所著《物理真好玩》上說，比薩斜塔實驗是謊言，其理由是：對該實驗的文字記錄，最早見於實驗之後60多年由伽利略的弟子維維亞尼（Vincenzo Viviani）所著的《伽利略傳》，這本書寫於西元1654年。而查閱在此之前有關伽利略做實驗的所有記錄，人們卻找不到在比薩斜塔所做的這次實驗。如果維維亞尼描述的內容是真的，那麼這個實驗在當時一定會成為很大的話題。但即使在伽利略自己的著作

第一章　別忘了牛頓

中，也從未見過有關在比薩斜塔做實驗的記錄。這到底是怎麼一回事呢？實際上，荷蘭的西蒙·斯蒂文早在1586年就做過自由落體實驗。西蒙·斯蒂文將質量不同的兩個鉛球從二樓拋下，證實二者是同時落地的。不過，這個實驗伽利略完全不知道。所以，維維亞尼可能為了尊敬自己的老師，而將斯蒂文的功績張冠李戴安在了伽利略的頭上，並且還把故事發生的舞臺戲劇性地選在了比薩斜塔。

1.2　離心力的存在證明

亞里斯多德是著名的古希臘哲學家，同時也是著名的科學家。早在兩千多年前亞里斯多德就發現了慣性，他透過慣性想到，讓盛水容器旋轉就可使裡面盛的水不流出來。圖1-2反映的就是這種情形。之前人們常常認為這是離心力的作用，是一種使物體脫離旋轉中心的力作用的結果。可事實上，這種情形的發生完全是慣性作用的結果。

離心力在力學上被定義為，旋轉的物體對系線的拉力或壓在其曲線軌道的實際存在的力。這種力是物體做直線運動時最主要的阻礙力，因此排除了水桶旋轉時離心力的存在。那麼水桶究竟是為什麼發生旋轉的呢？在弄清楚這個問題之前，我們還需要明白這樣一種現象：假設我們在水桶壁上鑿開一個洞，那麼盛在裡面的水將會向什麼方向流呢？

1.2 離心力的存在證明

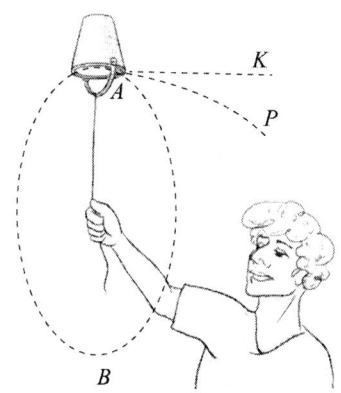

圖 1-2 離心力的存在證明

圖 1-2 顯示了在沒有重力的情況下，水流會因慣性沿圓周 AB 的切線 AK 湧出，可實際情況是重力必然存在，因此水流將會沿拋物線 AP 流出。當圓周速度足夠大時，AP 將會在 AB 的外面。由此我們可以知道，除非旋轉方向恰好與水桶開口的方向相反，否則水不會從桶內流出。

那麼在旋轉木桶向心加速度大於或等於重力加速度時，也就是使水流出的軌跡在水桶本身運動軌跡之外時，旋轉水桶需要多大的速度才能使水不流出桶外呢。其中計算向心加速度 a 的公式為：$a = v^2 / R$。

公式中的 v 為圓周速度，R 為圓形軌跡的半徑。我們就很容易得出下列不等式

$$a \geq g$$

第一章　別忘了牛頓

假設圓形軌跡的半徑 R 是 70cm，則

$$v \geq \sqrt{0.7 \times 9.8} \text{m/s} \quad v \geq 2.6 \text{m/s}$$

2.6m 差不多相當於水桶周長的，也就是說只要我們每秒轉水桶圈，水桶裡的水就不會流出來。

在生活中有一種離心澆鑄技術就是依據這個原理實現的，即當容器水平旋轉時，裡面的液體會施力在容器壁上。而離心澆鑄技術中的液體相對密度不均勻，會呈現出不同的層次，那些相對密度大的就遠離旋轉中心，相對密度小的則靠近旋轉中心，從而分離出其中的氣體，使氣體散落到四周的空白處，以避免形成氣泡。離心澆鑄技術澆鑄的物體既方便耐用，又成本低廉。

1.3　淺析慣性

如果引用教科書上的定義，恐怕不會有人耐心讀下去。因為不管是說「靜者恆靜，動者恆動」也好，還是說「一個不受任何外力的物體將保持靜止或等速直線運動」也好，大家還是不得要領，不知道這種表述要說的到底是什麼。雖然我們知道什麼是靜止，但是在常識中，靜止與慣性好像毫無關聯。至於「等速直線運動」，這一經典表述與慣性又有什麼

1.3 淺析慣性

關係呢？何為保持等速還要是直線？書上這麼寫，實在不好理解。

如果換一種說法，可能就很容易明白了。先不說物體，以人為例，慣性不就是不願意改變嗎？一個睡懶覺的人，你不拖他，不掀開他的被子，他是不會準時起床的。你和同學去打籃球，每場一次只能上三個人，你想讓你的同學下場，好讓你玩，他卻還是不停地在球場上跑來跑去、搶球、運球，你只好上去將他拉下場。

沒有人去拖，睡懶覺的人不會按時起床；沒有人去拉，那個打球的同學不會及時下場。這就是在沒有外力作用時，他們就會保持各自的狀態。這就是慣性，也可以用「靜者恆靜，動者恆動」來表述。

若還是不明白上述意思，那就請大家接著往下看。

慣性有一個重要特徵，那就是慣性的大小與物體的質量有很大關係。一個物體的質量越大，慣性就越大。質量可以說是衡量慣性大小的一個量度。

知識加油站：質量與重量的區別

物體含有物質的多少叫質量。質量不隨物體形狀、狀態、空間位置的改變而改變，是物質的基本屬性，通常用 m 表示。在國際單位制中質量的單位是公斤（kg）。舊時用斤、

第一章　別忘了牛頓

兩作為質量單位，西方則用磅、盎司、克拉等作為質量單位。在物理學中質量分為慣性質量和重力質量。慣性質量表示的是物體慣性的大小，而重力質量表示引力的大小。事實上，透過無數精確的實驗表明，這兩個量是等效的，也就是說，它們只是同一個物理量的不同方面。

公斤是質量單位，不是重量單位，我們日常所說的重量也就是質量。重量是物體受重力的大小的度量，單位是牛頓（N）。

要理解質量與慣性的關係，我們再來看前面的例子。如果睡懶覺的人質量大，你要拖他起床需要使出全身力氣。同樣的，那位打籃球的同學如果身材魁梧，你也要用更大的力氣才能將他拉出球場。說到這裡，你一定認為慣性確實是很重要的力。但是慣性卻並不是自然界存在的一種力，而是物體的一種性質。物體有保持自身運動狀態的特性，靜止也是一種運動狀態，所以說「靜者恆靜，動者恆動」。這就是所謂的慣性定律。

慣性定律是人發現的，首先是人在生活中感覺到了慣性，才開始研究慣性。人類在生活實踐中體會到各種運動狀態下人的感受，從親身的經歷中，思考人與物體運動的關係。

跑動的人，腳被絆一下會摔倒，為什麼？因為慣性。腳被強行停下，上身還在向前，失去了平衡，就摔倒了。緊急

1.3 淺析慣性

煞車時人會向前方撲倒,也是因為慣性。因此,你現在可以想像,如果地球突然停止轉動,會是什麼後果。地球停止轉動了,但地球表面一切運動的事物(包括大氣層、建築物、生物等),都會因為慣性而以地球轉動的速度繼續運動,結果當然是如颶風橫掃全球。

所有自然現象在人的感受中被重複,就會引起人們的思考、探究,從而發現其中的道理,慣性也就這樣被認識了。物理學及其他學科中的許多定律,都是人類感知的結果,是人對自然的認識。當然,其中也蘊藏著探究的極大樂趣,以及追求真理和真相的樂趣。雖然說是一種樂趣,卻也充滿著艱辛。在歷史上,為了宣傳和捍衛自然科學的真理,有人甚至為此付出了生命的代價。

慣性是伽利略在西元 1632 年出版的《關於托勒密和哥白尼兩大世界體系的對話》(*Dialogue Concerning the Two Chief World Systems*)一書中提出的,它是作為捍衛日心說的基本論點而提出來的。此後由牛頓歸納為慣性定律,該定律成為著名的牛頓第一定律。而當時為了宣傳日心說,有人付出了生命的代價。

這個人就是布魯諾(Giordano Bruno)。

第一章　別忘了牛頓

1.4　再談慣性定律

「力是運動發生的原因」，這是一般人都知曉的道理。「一個物體，無論是靜止或在慣性作用下，還是在有其他力的作用下運動，這些都不能影響某一力對物體所起的作用。」這句話就是力的獨立作用定律，是由牛頓運動定律（經典力學的基石）的牛頓第二定律推論出來的。意思說，各個力的作用效果是各作用各的，互不干擾。

如果沒有學習過物理學，那麼你一定會覺得這個慣性定律很奇怪，因為你的習慣思維與它恰恰相反。對於慣性定律，有這樣一種普遍的錯誤認知：沒有外來因素的影響，物體的原有狀態就會一直持續。

慣性定律的內容是：任何物體在不受任何外力的時候，總保持等速直線運動狀態或靜止狀態，直到作用在它上面的外力迫使它改變這種狀態為止。需要注意的是，慣性定律只針對靜止和運動兩種狀態。從這個定義我們可以得出，物體受到了力的作用有這樣三種表現：①開始運動；②運動加快、變慢、停止；③直線運動變成非直線運動。

物體即使運動得再快，只要是等速，那就沒有任何力為其施加作用或者作用在它上面的力相互平衡。也可以理解成，只要物體的運動狀態不屬於上面所說的三種表現中的任

1.4 再談慣性定律

何一種，那就說明在它身上沒有力的作用。可見，科學思維與普通思維還是有很大區別的。在伽利略之前的時代，科學家們並沒有意識到這一點。摩擦因為能夠阻礙物體運動，根據上面的說法，所以它也是力的一種。

從常識來說，物體好像是個「足不出戶」的人。其實，它們具有高度活動性。在沒有影響運動能力的條件下，只要施加一點點力，它們就可以永遠保持運動。物體只是停留在靜止狀態，而不是趨向於保持靜止狀態。「物體對作用於它的力是抗拒的」這也是錯誤的說法。

那麼，物體運動為什麼要「克服慣性」呢？

我們知道，自由物體絕對不會抗拒使它運動的力的作用。但是總會有這樣一種說法：如果一個力量使物體運動，那麼這個物體就會花費一點時間來「克服它的慣性」。

試問，究竟要克服什麼慣性呢？

原來，一個物體要運動起來，是需要一定時間來獲得足夠的速度的。不論將要獲得力的物體質量有多小，也不論這個力有多大，要想讓物體獲得足夠的速度，時間是必要條件。有一個數學公式可以解釋這個道理：$Ft=mv$。F 代表力，t 代表時間，m 代表質量，v 代表速度。當時間 t 為零時，等式的另一邊 mv 的乘積也是零。由於物體的質量永遠不可能是零，等於零的只能是速度。也就是說，如果沒有時間讓

第一章　別忘了牛頓

力 F 施加它的作用，物體就不可能產生運動。物體的質量越大，需要的時間就越長。正是這個原因，才讓人們產生了誤會，以為靜止的物體想要運動就得「克服」自身的「慣性」。

1.5　萬有引力

萬有引力，又稱重力相互作用，是由於物體具有質量而在物體之間產生的一種相互作用。萬有引力的大小與物體的質量，以及兩個物體之間的距離有關，其大小與兩物體間距離的平方成反比，與兩物體質量的乘積成正比。任何兩個物體之間都存在這種吸引作用。

萬有引力的標準表述是：任意兩個質點透過連心線方向上的力相互吸引，該引力的大小與它們的質量乘積成正比，與它們距離的平方成反比，與兩物體的化學本質或物理狀態及仲介物質無關。

萬有引力不只是讓蘋果往下掉，它還維持宇宙天體的正常執行。牛頓當年也是在思考天體運行的問題時，才找到答案的。

萬有引力定律是牛頓在西元 1687 年出版的《自然哲學的數學原理》一書中首先提出的。牛頓利用萬有引力定律不

1.5 萬有引力

僅說明了行星運動規律,而且還指出木星、土星的衛星圍繞行星也有同樣的運動規律。牛頓認為月球除了受到地球的引力外,還受到太陽的引力,從而解釋了月球運動中早已發現的二均差、出差等。另外,牛頓還解釋了彗星的運動軌道和地球上的潮汐現象。萬有引力定律出現後,科學家才正式把天體運動的研究建立在力學理論的基礎上,從而創立了天體力學。

萬有引力公式為

$$F = G\frac{M_1 M_2}{R^2}$$

式中,F 為萬有引力;M1 和 M2 為兩個質點的質量;G 為引力常數;R 為兩個質點間的距離。

回到蘋果往下掉的問題上來。可以簡單地說,質量越大的東西產生的引力越大,這個力與兩個物體的質量成正比,與兩個物體間的距離平方成反比。地球的質量產生的引力足夠把地球上所有具有一定質量的物體全部抓牢,讓它們向自己身上(地面)靠過來,所以無論是蘋果,還是其他重物,只要失去支撐(如樹枝)或動力(如飛行中的飛機發動機),就會掉在地面上。

牛頓所完成的萬有引力定律,經過科學實踐的檢驗得到了普遍承認。中國物理學家周培源把這一檢驗過程歸結為 3 點:

第一章　別忘了牛頓

第一，萬有引力定律應能解釋舊理論所能解釋的一切現象；第二，萬有引力定律還應能解釋已經發現的但卻是舊理論所不能解釋的現象；第三，也是最關鍵的一點，萬有引力定律還應能預言一些新現象，並且能為爾後的實驗或觀測所證實。

對於生活在地球上的人來說，由於相對於地球本身，地球上其他物體的體積很小，萬有引力的相互作用表現為地球對其他物體的引力。地球對其他物體的這種作用力也叫做地心引力，其方向指向地心。

萬有引力不只是維繫地球上萬物之間力的關係的力量，也是決定宇宙中天體之間的運行軌道的基本能力。以太陽系為例，在太陽系中，各大行星與太陽的距離和這些行星之間距離的大小，是與各天體的質量、運動速度密切相關的。其中，運動速度是克服引力碰撞和保持天體在固定軌道運行的重要指標。那些小行星因為運動速度不同和距離行星位置不同而面臨飛過和撞向行星的兩種命運，這時質量和速度都對其命運起決定性的作用，而速度是克服各種引力而改變物體相對位置的唯一因素。

知識加油站：力的產生及基本性質

在日常生活中，人們常看到這樣一些現象：如用手推車，車由靜止開始運動（圖1-3a）；人坐在沙發上，沙發會發生變形（圖1-3b）。那麼，車為什麼由靜止開始運動呢？沙發為什

1.5 萬有引力

麼會發生變形呢?人們會說,這是因為人對車、沙發施加了力,力使車的運動狀態發生改變,力使沙發發生了變形。那麼,什麼是力呢?

圖 1-3 力的案例

綜合上述例子,可以概括地說,力是物體間的相互作用,力不能脫離物體而單獨存在。何謂相互作用呢?就是指使物體位置和形狀發生改變的作用。是否有物體就一定有力存在呢?非也。有物體只是力存在的條件,而不是產生力的原因,只有物體間的相互作用才能產生力。例如圖 1-4a 所示的甲、乙兩物體,二者沒有接觸,沒有相互作用,所以它們之間不能產生力;若變成圖 1-4b 所示情形,二者就要產生力了。因為甲對乙產生壓力,乙對甲產生支持,二者發生相互作用,根據力的定義,也就產生了力。由於力是物體間的相互作用,所以力一定是成對出現的,不可能只存在一個力。例如,由萬有引力定律得知,物體受到地球的吸引才有重力;同樣地球也受到物體的吸引力。

第一章 別忘了牛頓

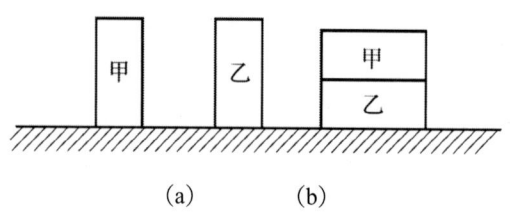

(a)　　　(b)

圖 1-4 產生力的條件

在力學中,力的作用方式一般有兩種情況:一種是兩個物體相互接觸時,它們之間相互產生力,例如吊車和構件之間的拉力、夯實機與地基土之間的壓力等;另一種是物體與地球之間相互產生的吸引力,對物體來說,這種吸引力就是重力。

那麼,地球對物體的吸引產生的重力,與物體對地球的吸引產生的引力有什麼關係呢?對於這個問題,牛頓第三定律作了圓滿的回答,即這對力大小相等、方向相反、作用線共線,且作用在不同的兩個物體上。在力學中,將這一規律稱為作用力與反作用力定律。這是一個普適定律,無論對於靜態的相互作用,或是動態的相互作用都適用,它是本書自始至終重點應用的內容之一。

力的大小反映了物體間相互作用的強弱程度。國際通用力的計量單位是「牛頓」,用英文字母 N 表示,它相當於一個中等蘋果所受到的重力,在工程中顯然單位太小了,一般用千牛頓作力的單位。所謂千牛頓就是 1,000 個牛頓,即 1kN=1,000N。

力的作用方向是指,物體在力的作用下運動的指向,沿

1.5 萬有引力

該指向畫出的直線稱為力的作用線,力的方向包含力的作用線在空間的方位和指向。

力的作用點是物體相互作用處的接觸點。實際上,兩物體接觸位置一般不會是一個點,而是一個面積,力多是作用於物體的一定面積上。如果這個面積很小,則可將其抽象為一個點,這時作用力稱為集中力;如果接觸面積比較大,力在整個接觸面上分布作用,這時的作用力稱為分布力,通常用單位長度的力,表示沿長度方向上的分布力的強弱程度,稱為承載密度,用字母 q 表示,單位為 N/m 或 kN/m。

綜上所述,力為向量(圖 1-5)。向量的模表示力的大小;向量的箭頭表示力的方向;向量的始端(圖 1-5a)或末端(圖 1-5b)表示力的作用點。所以在確定一個未知力的時候,一定要明確它的大小、方向、作用點,這才算真正確定了這個力。在此常犯的錯是,只注意力的大小,而忽略了力的方向和作用點。

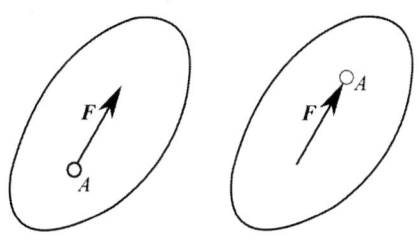

圖 1-5 力的表示

總之,對力的理解應注意下述幾點:①力是物體間的相互作用;②力不能脫離物體而單獨存在;③有力存在,就必

定有施力物體和受力物體；④力是成對出現的，有作用力就必有其反作用力存在；⑤力是一個定位向量，即向量的作用效果決定力的大小、方向、作用點，稱為力的三要素；⑥力可以合成與分解。

1.6　作用力與反作用力定律

　　牛頓運動定律相信大家都不會陌生，其中尤以第三定律，作用力與反作用力定律最讓人難理解。雖然真的了解這條定律的人不多，但是日常生活中使用它的人卻不勝列舉。

　　曾經，我和很多朋友聊到過這條定律，大家對它的態度都是肯定與質疑並存。

　　他們一致認為，這條定律對於靜止的物體是肯定適用的，可是對於運動著的物體就不敢保證了。這條定律的精髓就是作用永遠等於反作用。如果以馬拉車來舉例子的話，也就是指，馬拉車的力是等同於車拉馬的力的，那麼對此我們不免會產生疑問，既然兩種力是相等的，那麼它們不是應該互相抵消，而使得馬和車都靜止不動嗎？可是現實情況是車總是在不斷地向前行駛。

1.6 作用力與反作用力定律

　　針對這條定律，人們最大的疑惑就在這裡。可是我們就能因此認定它是一條錯誤的定律嗎？當然不能，只能說我們自己還沒有完全理解它。雖然作用力和反作用力的大小是相等的，可是它們並沒有相互抵消，而是將這兩種力分別作用到了不同的物體上：一個作用到車上，另一個作用到馬上。兩個力大小相等，但不曾有任何定律告訴我們，同樣大小的力必會產生同樣的作用，從而使得物體有了相同的加速度，因為這樣等同於漠視了反作用力的存在。

　　由此，我們不難明白，雖然車的受力和馬的受力大小相等，可是由於車輪是在做自由位移，而馬是有目標方向的，因此兩種力最終都會作用於馬行進的方向，而使得車朝著馬拉的方向行駛。車拉馬就是為了克服車的反作用力，而如果車對馬的拉力不產生反作用，那麼任何的力量都可以帶動車行駛了。

　　而為了方便大家理解，我們可以將「作用等於反作用」的表達改為譬如「作用力等於反作用力」這樣的表達方式，我想這樣產生的理解障礙就會小得多。因為這裡相等的只是力的大小，而非作用，作用力與反作用力總是施加在不同的物體上，如圖 1-6 所示。

031

第一章　別忘了牛頓

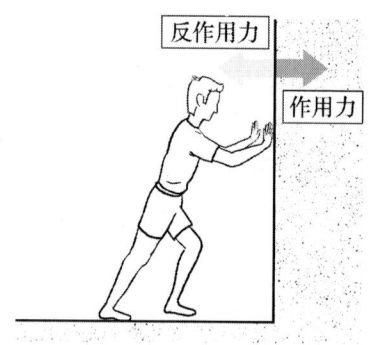

圖1-6 作用力與反作用力

　　作用力與反作用力定律在落體運動中同樣適用。我們都知道牛頓是由蘋果墜落想到的力學定律，而蘋果之所以墜落是地心引力的作用，其實同樣的，蘋果對地球也有同樣大小的引力。因此，就蘋果和地球而言，兩者互為落體，只是下落的速度有所不同。而物體在下落過程中，加速度發揮主要作用，同時加速度的大小又與物體的質量有關，毋庸置疑，地球的質量遠大於蘋果，因此相對的加速度也就遠遠小於蘋果，這就致使地球向蘋果方向的位移微乎其微。這就是人們只說蘋果落到地上，而不說「蘋果和地球彼此相向地落下」的原因。

　　根據上面講的作用力與反作用力定律，請仔細觀察圖1-7，你覺得作用在兒童氣球上有幾個作用力呢？你可能會脫口而出：「氣球的拉力、繩子的拉力和墜子受到的重力。」請別急，看完下面的講解再來回答，一定不會是現在這個答案了。

1.6 作用力與反作用力定律

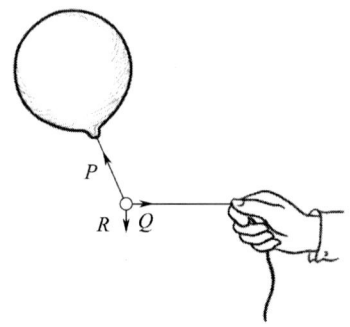

圖 1-7 反作用力

不知道大家有沒有留意過自己開門時的力：手臂上的肌肉收縮起來，將門向身體拉近和將你與門的距離縮短的是相同的力。這時候存在著兩個作用力，一個作用在你的身體上，一個作用在門上。如果是你推開門的話，那就是你的身體和門是被力推開的。

其實，不管是什麼性質的力，它們的情況都與上面所說的肌肉力量一樣「成雙成對」。施力的物體受一個力，還有一個是加在受力的物體上的。

「作用等於反作用」就是能概括上面那段說明的力學定律。存在於宇宙間的力沒有一個是「孤單」的，當表現出力的作用時，在別的地方必定有與之方向相反且大小相等的力，它們兩個的作用是在兩點之間，使之相近或相離。

我們回過頭來思考前文提出的問題。既然每個力都有正好與之大小相等方向相反的力，那麼加在繫氣球的線上的力

第一章　別忘了牛頓

就是與力 P 相對的力，它是氣球的線傳導到氣球的（圖 1-8 中的力 P1）；手上的力是與力 Q 相對的力（圖 1-8 中的力 Q1）；地球吸引墜子，反過來，墜子也吸引著地球，所以地球上的引力與力 R 相對（圖 1-8 中的力 R1）。

還有這樣一個問題：將一節繩子的兩頭分別加上 10N 的力並向相對方向拉扯，這時有多少張力存在於繩子上？仔細讀一遍問題，再回想剛才說的「作用等於反作用」。答案出來了，是 10N。這是因為一對方向相反大小相等的力組成了這個繩子上的「10N 的張力」。說「有兩個 10N 的力將繩子拉向正相反的兩頭」與「有 10N 的力作用在繩子上」沒有區別。

總之，力的作用與反作用是力學中的最基礎概念，它貫穿力學的始終，如能深刻理解作用力與反作用力之間的下列特點，將對學好力學是很有裨益的。

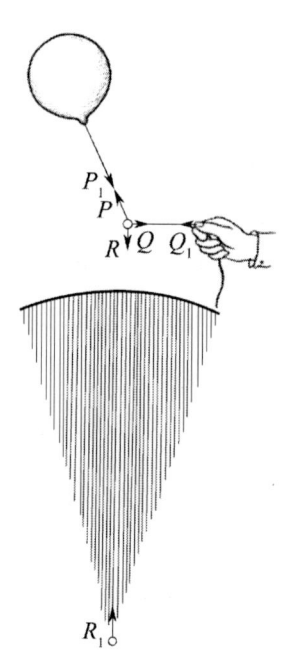

圖 1-8 作用力與反作用力

1.6 作用力與反作用力定律

(1) 作用力與反作用力大小相等、方向相反,作用在同一條直線上。
(2) 作用力與反作用力不能抵消,因為它們作用在不同的物體上。
(3) 作用力與反作用力是同時出現,同時消失的;作用力的作用類型也是相同的,如果作用力是萬有引力,則反作用力也是萬有引力。

小實驗:

為了進一步說明上述結論,請看下面作用力與反作用力的小實驗。

如圖 1-9 所示,用兩匹馬向相反的方向拉一具彈簧秤,這兩匹馬的拉力都是 1,000N。請回答此時彈簧秤的指標應該指向多少?

圖 1-9 作用力與反作用力實驗

很多人都會回答:兩匹馬各施加 1,000N 的力,那就是 1,000+1,000=2,000N。但這個受到很多人認可的答案是錯誤的。根據作用力與反作用力定律,大小相等且方向相反的力屬於一對,所以拉力是 1,000N,而不是 2,000N。

1.7　牛頓運動定律小結

牛頓三大力學定律是本書學習的基礎，上面分別進行了闡述，為了便於讀者領會，小結如下。

牛頓第一定律指出：一切物體在任何情況下，在不受外力的作用時，總保持靜止或等速直線運動狀態。

物體都有維持靜止和做等速直線運動的趨勢，因此物體的運動狀態是由它的運動速度決定的，沒有外力，它的運動狀態是不會改變的。物體保持原有運動狀態不變的性質稱為慣性。所以牛頓第一定律也稱慣性定律。牛頓第一定律也闡明了力的概念，明確了力是物體間的相互作用，指出了是力改變了物體的運動狀態。

牛頓第二定律指出：物體的加速度跟物體所受的合外力成正比，跟物體的質量成反比，加速度的方向跟合外力的方向相同；公式為 F=ma。其中 m 為質量，a 為加速度。

牛頓第二定律是力的瞬時作用規律。力和加速度同時產生、同時變化、同時消逝。力有方向和大小，因此 F=ma 是一個向量方程，應用時應規定正方向，凡與正方向相同的力或加速度均取正值，反之取負值，一般常取加速度的方向為正方向。

牛頓第三定律：兩個物體之間的作用力和反作用力，在同一條直線上，大小相等，方向相反。表達式為 F1=-F2，F1

1.7 牛頓運動定律小結

表示作用力，F2 表示反作用力。

牛頓第三定律指出：要改變一個物體的運動狀態，必須有其他物體和它相互作用；物體之間的相互作用是透過力表現的，並且力的作用是相互的，有作用力必有反作用力，它們作用在同一條直線上，大小相等，方向相反。這個定律也叫做用反作用力原理，它指出了作用點是繼力的大小和方向後的第三個力的要素。作用力與反作用力在同一條直線上，作用點就在這條直線上。

牛頓運動定律是力學中重要的定律，它是研究經典力學的基礎。所謂經典力學，就是建立在普通常規速度之內的力學。牛頓運動定律是建立在絕對時空，以及與此相適應的超距作用基礎上的。所謂超距作用，是指分離的物體間不需要任何介質，也不需要時間來傳遞它們之間的相互作用。也就是說，相互作用以無窮大的速度傳遞。在牛頓的時代，人們了解的相互作用，如萬有引力、磁石之間的磁力及相互接觸物體之間的作用力，都是沿著相互作用的物體的連線方向，而且相互作用的物體的運動速度都在低速範圍內。物理學的深入發展，暴露出牛頓第三定律並不適用於一切相互作用。在電磁力得到深入研究以後，光速、時間等因素都成為電磁力的重要引數，從而出現了一些不能用經典力學解釋的物理現象，這樣，現代物理就登臺唱起了主角，並且使科學又發展到一個新的時代 —— 愛因斯坦時代。

第一章　別忘了牛頓

第二章　摩擦力真神奇

　　當一個物體沿另一物體接觸面的切線方向運動或有相對運動趨勢時，在兩物體的接觸面之間有阻礙它們相對運動的作用力，這種力叫摩擦力。摩擦力像萬有引力那樣，也是一種自然力。它也是無處不在，無處不有，自然界及人類的生存是離不開它的。本章用具體事例，介紹摩擦力的概念、摩擦力的性質、摩擦力的應用及其利弊等。

第二章　摩擦力真神奇

2.1　何謂摩擦力？

　　所謂摩擦力，是指物體間相互移動或相互滾動所產生的一種阻力。事實上，只有在忽略摩擦力的情況下人們才能引出第一章力學中的基本定律。雖然如此，但摩擦力的存在是世界公認的事實。如果沒有摩擦力，鞋帶無法繫緊，螺絲釘和釘子無法固定物體，汽車一旦開動也無法停止。總之，如果沒有摩擦力，靜止狀態就將消失，上面講的力的基本定律也就不復存在了。我們不得不承認，儘管摩擦力也有令人討厭的時候，但仍然要慶幸有摩擦力的存在。

　　如果要給摩擦一個完整的定義，可以這樣說：兩個互相接觸的物體，當它們要發生或已經發生相對運動時，就會在接觸面上產生一種阻礙相對運動的力，這種現象叫摩擦，這種力就叫摩擦力。摩擦力因兩個物體之間的接觸形式不同而有所不同。基本上可以分為以下三種。

1. 滑動摩擦

　　一個物體在另一個物體表面上滑動時產生摩擦，此時摩擦力的方向與物體相對運動的方向相反。影響滑動摩擦力大小的因素有壓力的大小和接觸面的粗糙程度。在接觸面的粗糙程度相同時，壓力越大，摩擦力越大；在壓力大小相同時，

接觸面越粗糙,滑動摩擦力越大。

滑動摩擦可以產生人們需要的反作用力。例如:刷子刷地板,汙垢去除。

溫馨提示:在此特別要指出的是,摩擦力一定是至少兩個相互接觸的物體之間發生移動或移動趨勢時才產生的作用力,它是一個不能脫離物體而無處不在的自然力。

2. 靜摩擦

滑而沒動,就是靜摩擦。人走路,鞋子和地面產生的是靜摩擦。斜面上放了一個方塊,這個方塊沒有滑下去,為什麼呢?因為有個摩擦力與導致它下滑的力抗衡,實現了平衡,這也是靜摩擦。如果這個斜面的表面很光滑,這個摩擦力就很小了,就不能與導致下滑的力抗衡了,這時候就產生了滑動摩擦。

也可用一個通俗的說法去理解靜摩擦。可理解為與其他力抗衡從而使物體保持靜止的力就叫靜摩擦力。比方一個大箱子放在地上,你用手去推,箱子不動,就是因為有靜摩擦力,你推箱子用的力量是多大,靜摩擦力就是多大,直到你的力量足夠大,箱子動了,靜摩擦力就不存在了,就變成滑動摩擦力了。

總之,靜摩擦指的是相對靜止時產生的摩擦。當一個物

第二章　摩擦力真神奇

體相對於另一個物體來說，有相對運動趨勢，但還沒有發生相對運動時產生的摩擦，將隨推力的增大而增大，但不是無限增大，當推力增大到超過最大靜摩擦力時，物體就會運動起來。從靜止狀態變為運動狀態的過程，是克服靜摩擦力的過程。在這種情況下不能用最大靜滑動摩擦力公式 $F_{max}=\mu F$ 計算摩擦力，只能用平衡條件來計算。當物體從靜止將要開始運動的瞬間摩擦力最大，稱為最大靜摩擦力。其最大靜摩擦力根據公式 $F_{max}=\mu F$ 計算。其中 F 為正壓力，μ 為摩擦係數，可在有關工程手冊中查到。

知識加油站：庫侖摩擦定律

物體之間因接觸和滑動產生的阻力有著十分複雜的機制。在沒有液體潤滑情況下的滑動摩擦稱為乾摩擦。西元 1781 年法國物理學家庫侖（圖 2-1）透過對乾摩擦的物理實驗總結出著名的庫侖摩擦定律。可敘述為：物體之間保持靜止接觸的最大靜摩擦力 F_{max} 與相互作用的正壓力 FN 成正比，其公式為 $F_{max}=\mu_s F_N$

圖 2-1 庫侖（Coulomb）

2.1 何謂摩擦力？

其中的比例係數 μs 與物體接觸的表面狀況有關，稱為靜摩擦係數。庫侖摩擦定律很容易被實驗證實。在地板上拖動一只箱子，箱子越重摩擦力就越大，也就越難拖動。

當物體之間有相對滑動時，所產生的動摩擦力 Fd 也能用庫侖定律描述為 Fd=μFN

公式中的係數 μ 稱為動摩擦係數。一般情況下，動摩擦係數要小些，如圖 2-2a 所示。μ<μs 也容易理解，箱子一旦被拖動，用的力就比拖動前要小些。對於動摩擦情形，如果以滑動速度為橫座標，動摩擦力 Fd 為縱座標，可做出 Fd 的函式，如圖 2-2b 所示。

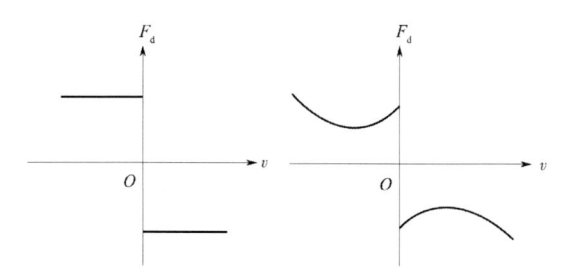

(a) 庫侖動摩擦力的變化規律　(b) 更準確的動摩擦力變化規律
圖 2-2 庫侖動摩擦力的變化規律圖

驗證摩擦力計算公式 F=μFN 的例子。FN 為正壓力，與摩擦力大小成正比，生活中的案例就有很多了。比如手握棍子或者提著拖把，手對棍子或拖把施加的握力越大，棍子或拖把越難從手中抽出，表明握力增大，手與棍子或拖把間的摩擦力也增大。

第二章　摩擦力真神奇

3. 滾動摩擦

當一個物體在另一個物體表面上滾動時所產生的摩擦，稱為滾動摩擦。一般情況下，滾動摩擦所產生的摩擦力比滑動摩擦力小得多。軸承就是利用滾動摩擦力小於滑動摩擦力的原理而發明的。現在在所有機械輪軸轉動系統中都要用到軸承，大到水輪發電機巨型軸承，小到微型馬達中的迷你軸承，這些都是為了獲得高轉速和減少摩擦力而普遍採用的措施。

可以說，滾動摩擦在生活中到處都是，比如用滾木運重物；原子筆在紙上寫字，原子筆尖和紙產生的是滾動摩擦力，因為原子筆筆尖上是小圓珠；腳踏車輪運動也是滾動摩擦，但腳踏車輪和地面產生的摩擦卻是靜摩擦。

2.2　影響摩擦力的主要因素是什麼？

一般說來，影響摩擦力的因素很多，簡單來說，主要有下列兩條：

①摩擦力的大小與接觸面間的壓力大小有關。接觸面粗糙程度一定時，壓力越大摩擦力越大。生活中我們都有這樣的常識，當拖動物體時，物體越重越難以拖動。

2.2 影響摩擦力的主要因素是什麼？

②摩擦力的大小與接觸面的粗糙程度有關。壓力一定時，接觸面越粗糙，摩擦力越大。生活中我們也有這樣的常識，當腳踏車車胎氣不足的時候，騎起來更費力一些。

拔河比賽比的是什麼？很多人會說：當然是比哪一隊的力氣大嘍！實際上，這個問題並不那麼簡單。對拔河的兩隊進行受力分析就可以知道，只要所受的拉力小於與地面的最大靜摩擦力，就不會被拉動。因此，增大與地面的摩擦力就成了勝負的關鍵。首先，穿上鞋底有凹凸花紋的鞋子，能夠增大摩擦係數，使摩擦力增大；還有就是隊員的體重越重，對地面的壓力越大，摩擦力也會增大。大人和小孩拔河時，大人很容易獲勝，關鍵就是由於大人的體重比小孩大。

另外，在拔河比賽中，勝負在相當程度上還取決於人們的技巧。比如，腳使勁蹬地，在短時間內可以對地面產生超過自己體重的壓力。再如，人向後仰，藉助對方的拉力來增大對地面的壓力等。其目的都是盡量增大地面對鞋底的摩擦力，以奪取比賽的勝利。

最佳答案：靜摩擦力是指物體受到力的作用，而由於有摩擦力的存在，物體沒動，當物體受到的力小於或等於最大靜摩擦力時物體不改變運動狀態，比如一個人推木箱，沒推動。

第二章　摩擦力真神奇

2.3　摩擦力與萬有引力有關係嗎？

我們先來看一部電影的內容介紹：護士珍妮開著剛剛從修車廠取來的車，去姐姐家接了孩子，準備把孩子送到媽媽家。朋友艾德自己的車送去修理，但又必須趕去開會，因此搭乘她的車一同上路。途中，一個滑板少年在車前摔倒，他的滑板壞了，身體受了輕傷，於是又多了一個搭車者。不料上到高速公路後，車子接連出現故障，油門踩下去後卡死起不來，煞車則完全不發揮作用，車子無法停下。失去控制的車以 80km/h、90km/h、100km/h、120km/h……的速度，像一匹脫韁的野馬在公路上急奔。所有的辦法都試過了，車子還是停不下來。車上的人命運如何？當然是有驚無險。

這是美國電影《極速驚魂》(Freeway) 中的情節。但是，如果在現實中出現這種煞車失靈的事件，恐怕就沒有那麼幸運了。對於處在高速運動狀態的汽車，想停卻停不下來的後果將是極其嚴重的，多數是車毀人亡，慘不忍睹。

汽車沒有了煞車，就是沒有了將車輪從快速滾動的運動狀態及時變成滑動狀態的能力，從而無法利用車胎與地面的滑動摩擦使汽車停下來。

這時摩擦力是個關鍵。汽車就是靠摩擦力運動，而又靠摩擦力停下來的。如果沒有摩擦力，任何運動既不會啟動，

2.3 摩擦力與萬有引力有關係嗎?

也不會停下來。我們應該說,幸虧有摩擦力。

事實正是如此。

我們在認識了萬有引力之後,會有一個疑問,既然萬有引力是一個定律,也就是任何物體之間都有引力,否則就不能說是萬有,也不能稱為定律。但是,我們平時為什麼沒有看到物體之間的引力作用呢?

原因很簡單,這是因為在地球上物體之間的引力太小,在一般情況下,根本就無法克服物體在運動時所受到的摩擦力。例如,兩個站著的人之間距離 2m 遠時,相互之間的引力還不到 9.8×10^{-8}N。現在假設這兩個人是站在木地板上,這兩個人的腳與地板的摩擦力等於其重力的 30%,以一個中等身材的人(體重按 60kg)計算,這個力至少要有 176N,才能使人移動。那種微小到可以忽略的引力,不能使這兩個人互相自動靠近。

當然,如果沒有摩擦力,即使再小的引力,也會作用於物體讓其移動。仍然以兩個人為例,如果沒有了摩擦力,這兩個人即使在不足十萬分之一牛的引力的作用下,也會慢慢地相互靠近。

由此可見,摩擦力使地球上幾乎所有物體之間的引力不可能發揮作用。或者說地球上任意兩物體之間的引力不足以克服物體與地面所產生的摩擦力。因此,我們也就無法感知

第二章　摩擦力真神奇

萬有引力的作用。

至於摩擦力的作用，則不只是抵消了地球上的物體之間的萬有引力這麼簡單。事實上，關於摩擦力的本質，目前並沒有肯定的結論，仍在討論之中。但是摩擦力的作用，特別是在人類生活中的作用或者說利用，則比比皆是。只不過有時要加以利用，有時則要克服而已。

摩擦力不只是在互相接觸的物體之間存在，在運動物體所在的介質中也存在，即在空氣和水中的運動，除了兩個相互接觸的物體以外，運動物體與空氣和水也會產生摩擦力，這時表現為運動的阻力，多數情況下是有害的。例如，太空飛行器離開和回到地球時，都會與空氣摩擦而產生高熱，導致太空飛行器外殼溫度達到2,000°C以上，對太空飛行器的安全構成極大威脅，要採取許多措施加以緩解。當然，對於跳傘運動，空氣阻力就是有利的了。

溫馨提示：摩擦力和萬有引力都是自然力，自然界中無處不存在。若沒有它們世界會成為什麼樣子？讀者不妨想像一下，那真是一個無法生存的悲慘世界。

2.4 雪橇能滑多遠？

在實際生活中，沿斜坡上滑或下滑時的摩擦問題很多，在此集中介紹。斜坡上向下滑行的物體的受力圖如圖 2-3 所示。為了便於理解，現以一個實際問題來介紹。

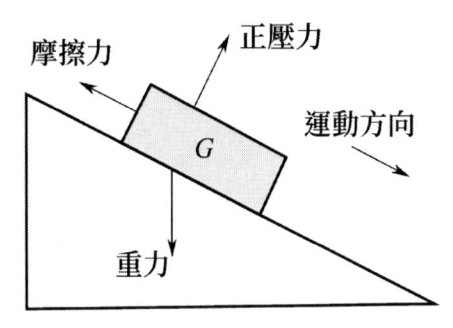

圖 2-3 斜坡上向下滑行的物體所受到的力

圖 2-4 所示雪橇，從長 12m，斜度為 30°的雪山滑道滑下，它滑到坡底以後，沿著水平方向繼續前進，那麼這隻雪橇停下來時會滑行多遠？

由題意知，雪橇在滑道上滑動時，受到摩擦力的作用。雪橇下部的鐵條與雪之間的摩擦係數是 0.02。因此，當雪橇滑到山腳下時所具有的動能全部消耗在克服摩擦做功上面時，雪橇就會停下來。

第二章　摩擦力真神奇

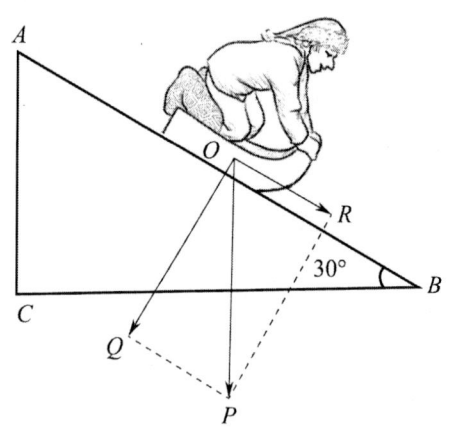

圖 2-4 雪橇可以滑多遠

下面我們就來計算一下雪橇滑到山腳時所具有的動能。由於 AC 所對的角為 30°，所以雪橇滑下的高度 AC=0.5AB。也就是 AC=6m。設雪橇的總重力為 P，那麼雪橇在滑動之前所具有的重力勢能為 6PJ。雪橇滑到山腳下的過程中，重力勢能轉化為動能和摩擦所產生的熱能。對雪橇進行受力分析，把重力 P 分解成與 AB 垂直的分力 Q 和平行於 AB 的分力 R。那麼，雪橇所受的摩擦就等於 0.02Q。又因為 Q=P·cos30°，所以 Q=0.87P。因此，雪橇滑到山腳的過程中，克服摩擦力所做的功為 0.02×0.87P×12=0.21PJ。

所以，雪橇到達山腳時所具有的動能為 6P-0.21P=5.79PJ。

雪橇到達山腳後，由於動能的作用沿著水平方向繼續前進。設停止前所走的路程為 x，那麼停止前摩擦力所做的功

就是 0.02PxJ。由題意可以列出方程

$$0.02Px=5.79P$$

解方程，得 x=290m，也就是說，雪橇從雪山上滑下以後，還可以沿水平方向前進 290m。

2.5　世上有沒有想動卻動不了的運動狀態？

試問，世上有沒有想動卻動不了的運動狀態？回答是肯定的：有。

以我們熟悉的汽車為例。前面說到過，如果沒有摩擦力，汽車是動也動不了的。汽車煞車時需要利用摩擦力，這個很容易理解。我們有時在街上聽到汽車煞車時的刺耳聲音，就是煞車系統失靈了，金屬片與煞車片摩擦時發出的。我們還可以在公路的地面上常發現有汽車輪胎在煞車時與地面摩擦留下的長短不一的黑色膠輪印跡。這是汽車煞車後，車輪滾動驟然停止，輪胎因慣性以滑動形式與地面摩擦留下的輪胎印。司機和修車人員往往透過觀察這種急煞車後地面上輪胎印的長度來衡量汽車的煞車系統是否合格。顯然，如果煞車不靈，留在地面上的輪胎印跡就長，如果煞車系統效

第二章 摩擦力真神奇

果好，留在地面上的輪胎印就會很短。

那麼，為什麼沒有摩擦力汽車也無法開動呢？

我們已經注意到汽車輪胎表面有與運動鞋底一樣的增加防滑功能的起伏的花紋。這些花紋不只是用來煞車時增加與地面的摩擦力，也是汽車執行中保證汽車發動機的動力透過車輪轉換成前進動力的關鍵。

我們可以做一個實驗：在結冰的路面上，將一輛汽車的車輪換成光滑沒有花紋的硬塑膠輪，然後發動汽車，看是否可以開動起來。答案是很明顯的，這輛車無法開動。無論你如何踩油門，車輪在原地飛轉，但車子就是不動。不要說換成光滑的沒有花紋的車輪，就是使用平常標準車胎的汽車，下雪天陷在泥坑裡開動不了的情況也經常發生。因此，下雪天行駛的汽車，給車胎裝上防滑鏈，就是為了增加車輪與地面的摩擦力。

現在我們清楚了，滾動的車輪要與地面保持一定的摩擦力，才可以將滾動的力量轉換成一部分前進的力量，沒有摩擦力或者摩擦力太小，都不可能將滾動的力轉換成足夠的牽引力，汽車也就不會向前開動。

儘管摩擦是一種極為普遍的現象，但是人們卻並沒有意識到我們日常生活與摩擦力有著重要的關係，或者說沒有意識到我們的實際生活是離不開摩擦力的。例如，要抓住物體，需要摩擦力，沾了肥皂的手就很難抓緊物體；機械傳動

2.5　世上有沒有想動卻動不了的運動狀態？

的皮帶需要摩擦力，否則皮帶會打滑；鐵釘能釘牢在牆上，也要靠摩擦力等。當然，摩擦力也會給我們的日常生活帶來麻煩。例如，機器開動時，滑動部件之間因摩擦而浪費動力，還會使機器的部件磨損，縮短壽命。我們這時希望地球上從來就沒有摩擦力，但如果真的沒有摩擦力，人們的生活又會發生什麼樣的變化呢？

首先，也是最基本的，我們無法行動，這在前面已經用陷在雪天泥地的汽車做了證明。那是一種摩擦力減小的狀態，還不是沒有摩擦力的狀態。如果沒有了摩擦力，如腳與地面沒有了摩擦力，人們簡直寸步難行；腳踏車、汽車等所有的車輪與地面間沒有了摩擦力，只有打滑而沒有任何移動；而已經運動著的車子卻停不下來，沒有阻礙它運動的力，就只能無限滑下去，最後與其他車相撞造成一起又一起的交通事故。即使是飛機（無論是活塞式發動機還是渦輪噴氣發動機），也都會因為沒有摩擦力而無法起飛。

沒有了摩擦力，我們也無法拿起任何東西（我們能拿東西靠的是摩擦力），想寫字卻拿不起筆，筆又不能和紙產生摩擦而寫出字；想吃飯卻拿不住碗筷，筷子怎麼也夾不住菜；想喝水又提不起杯子；想穿衣服卻拿不起、穿不上；想工作勞動，但任何工具都一次次從手上滑落……如果沒有了摩擦力，人類會多麼無助。如果沒有了摩擦力，那麼以後我們就再也不能夠欣賞用小提琴演奏的美妙音樂，因為弓和弦的摩

053

擦力產生振動才發出了聲音。

總之，假如沒有摩擦力的存在，那麼人們的衣、食、住、行都很難解決。可見有時看來極有害的摩擦力，卻是人類生存必不可少的一種自然力。

2.6　合理利用摩擦力

摩擦力是運動中普遍存在的一種自然力，並且有利有弊，那麼如何合理利用摩擦力就很重要了。

生活中，利用和克服摩擦力的例子比比皆是。

例如，我們穿的運動鞋的鞋底，為了防滑，就做成了凹凸不平的形狀，以增加與地面的摩擦力。防滑地磚、腳踏車和汽車的外胎，都是採取了利用摩擦力防止打滑的措施。所有交通工具的煞車系統，都是利用摩擦力的性質來透過不斷減速達到停止運動的目的。

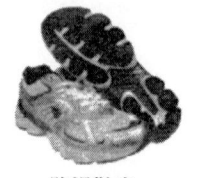

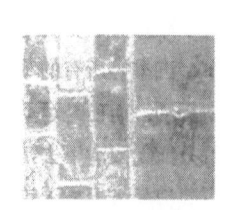

防滑鞋底　　　防滑地面磚　　　車輪外胎
圖 2-5 摩擦應用事例

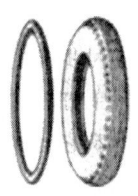

2.6 合理利用摩擦力

但也有很多時候摩擦力是有害的,這時就要千方百計地減少它的影響。例如,所有輪式旋轉的輪與軸之間,都安裝有軸承,就是為了將車輪與軸之間的滑動摩擦轉變為滾動摩擦,從而降低軸與車輪之間的摩擦力,使車跑起來更輕鬆。為了進一步降低摩擦力,人們還會在軸承中新增一些潤滑油,使滾動摩擦力變得更小。這可以說是生活和生產中常見的現象。

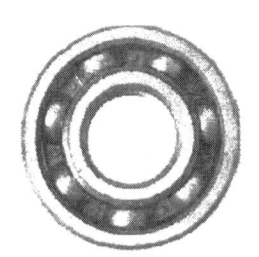

圖 2-6 滾動軸承

有害的摩擦力如果不採取一定的措施加以防範,就會帶來危害。仍然以車輪的運動為例,如果車輪與軸的摩擦不加以防範,隨著運動時間的延長,摩擦力會磨損軸而改變軸的尺寸,而使摩擦力進一步增加,摩擦部位也會產生高熱量,嚴重時會使軸的承重力急遽下降而發生斷裂。路上有時發生汽車的輪胎爆胎或起火,多數也是因為輪胎與地面摩擦時間過長而產生高熱量引起的。

不只是在日常生活中,在軍事上也有利用摩擦力的例子。例如,有人提出研製一種所謂「超潤滑材料」,這種材料

用在摩擦磨損部位，可以大大減少摩擦的危害。如果將它用到軍事上，把這種超潤滑材料撒到敵方的公路上、鐵路的鐵軌上和飛機起飛的跑道上，使對方的戰車、運兵車、火車無法運行，飛機不能起飛，軍用物資無法運送，就能以這種非殺傷的方式取得戰爭的勝利。這不是科學幻想，這種超潤滑材料無論在理論上還是在實踐中都已經存在了。

例如，奈米潤滑材料就屬於一種超潤滑材料。當普通材料加工到奈米尺寸時，材料就會具有奈米特性，具有奈米特性的材料才叫奈米材料。在潤滑產品中加入一定量的奈米材料，可以製成奈米潤滑材料。

溫馨提示：根據上面的論述可知，要減少摩擦、增加潤滑，研究出具有這種效能的新材料是一個關鍵問題。為此，下一節將講述力學在新材料開發中的應用。

2.7 力學在新材料開發中的應用

1. 多層膜微細結構

積體電路已從單一層面的晶片，發展到微型摩天大樓。由於在生產和使用過程中產生熱與變形，其中有殘餘應力會

2.7 力學在新材料開發中的應用

在晶片間產生翹曲（如圖 2-7 所示），導致基底脫黏，使大規模積體電路失效，利用力學原理可以在製造過程中釋放這些殘餘應力，使晶片的成品率大大提高。

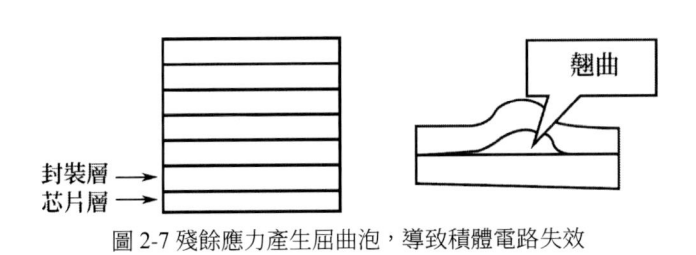

圖 2-7 殘餘應力產生屈曲泡，導致積體電路失效

2. 複合材料

工程中經常用到複合材料，如三夾板、鋼筋混凝土、纖維輪胎等，都是透過在材料承受拉應力的方向放置強抗拉材料從而大大提高材料的力學效能。

3. 新型陶瓷

陶瓷材料具有強度高（破壞應力大）、高硬度（彈性模量大）、耐高溫、耐磨損和耐腐蝕等特點，是一種很有用途的材料。但是陶瓷的最大缺陷是塑性很差，斷裂韌性低。因此，透過在陶瓷中加入圖 2-8 所示的架橋顆粒等方法可大大提高陶瓷的韌性，使得陶瓷在機械、航太航空、汽車和建材等領域獲得廣泛的應用。

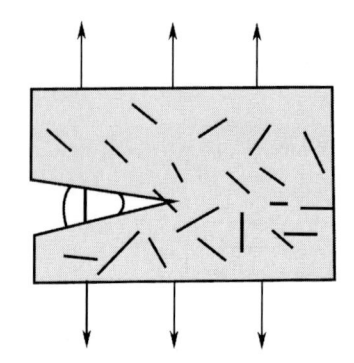

圖 2-8 在陶瓷中加入架橋顆粒增加韌性

4. 智慧材料

生命材料具有的重要特性是能探查損壞並將其修復。如皮膚劃傷、骨折等。人們設想，如果飛機的機翼和機身的蒙皮、橋梁的鋼梁和混凝土及車輛上的零件在出現裂紋後，也能自動癒合，那麼歷史上的許多材料事故將不會再發生。下面是智慧材料在工程中的具體應用。

(1) 生命建築

1994 年 15 個國家的科學家聚在美國，提出具有下述意義的生命建築的概念。

第一，生命建築具有神經，能獲得感覺。1992 年美國佛蒙特大學團隊把光纖直接埋在房屋、道路堤壩和橋梁的建築材料中，作為建築物的「神經」。光纖是光纖感測器的一部

2.7 力學在新材料開發中的應用

分，它能直接反映建築物內部的狀況。例如，如果建築物中產生斷裂，則光纖也斷裂，光訊號中斷。當然，光纖神經告訴人們更多的是建築物的變形和振動情況，例如，植埋在橋梁中的光纖不僅能感知整座大橋的應力變化，而且可以知道一輛卡車過橋時橋產生的振動和變形的情況。

第二，生命建築具有肌肉，能迅速做出反應。傳統的建築工程用大量的鋼材和混凝土來支撐結構，防止額外負載和振動帶來的損傷，就像醫院裡用石膏來固定和支持病人的受傷肢體。美國南加州大學認為振動是橋梁和高架道路損壞的主要原因。在建築中，不同材料的合成梁的連結處是整個框架結構的薄弱環節，自由振動往往容易造成這些地方「散架」。科學家們認為，只要用智慧材料充當生命建築的肌肉，靠它自動收縮與舒張，以改變自由振動出現時的振動頻率，減少其振幅，從而大大延長框架結構的壽命。

第三，生命建築具有大腦，能自動調節和控制，在生命建築中將有許多的神經、肌肉和為它們配套的驅動源，它們在建築中立體分布，互相之間的作用、位置和關係十分複雜，它們作為生命建築整體的一部分必須服從自然界生命基本的哲理：協調和控制，否則將亂作一團，另外，生命建築還要有一個自適應系統。否則，在某些局部出問題時，會使整體「神經錯亂」。

科學家預言：生命建築是人類繼航太事業之後，又一項能夠實現的宏大的科學系統工程。

(2) 形狀記憶合金

航太天線。在室溫下用形狀記憶合金製成拋物面天線，然後把它揉成直徑為 5cm 以下的小團，放入阿波羅 11 號宇宙飛船的艙內，在月面上經太陽光的照射加熱使它恢復到原來的拋物面形狀，如圖 2-9 所示，這樣就能利用有限空間的火箭艙運送體積龐大的天線了。

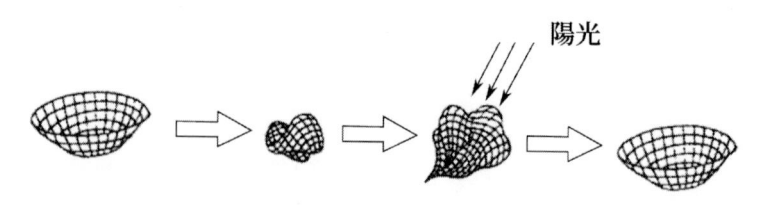

圖 2-9 採用形狀記憶合金的航太天線

醫治癌症與防止血栓。日本一位專家將 TiNi 形狀記憶合金置於病人的癌細胞內，並且用高頻磁場加熱，為癌症治療提供了新方法，如圖 2-10 所示。

圖 2-10 將形狀記憶合金注入癌細胞中

2.7 力學在新材料開發中的應用

　　利用形狀記憶合金還可以製成各種擋血栓網，擋住血栓在血管中的移動，在防止血栓性肺栓塞方面取得很好的療效。

　　智慧皮膚。如自行癒合的混凝土，將大量中空纖維埋入混凝土中，在纖維斷開後，纖維中的黏合劑會流出來，將裂紋自動黏合住。

第二章　摩擦力眞神奇

第三章　有趣的空氣阻力

　　所謂空氣阻力也就是空氣阻礙物體運動的力。它與摩擦力一樣，也是無所不在的。空氣阻力是由空氣分子之間的連結導致的，它的大小與物體的形狀、大小、運動形式和速度有關。可以想像一下，如果世間沒有了空氣阻力，蟲子、鳥兒無法飛翔，飛機也上不了天，有些植物種子也無法傳播，世界也就不能成為一個世界了。本章不便全面研究這些問題，只是透過生活中幾則有趣的具體事例，揭示空氣阻力的一些簡單現象。

第三章　有趣的空氣阻力

3.1　在空中飛揚的種子和果實

植物為了散播種子或果實，也常利用空中滑行的原理。植物的果實或種子，有的長著許多細毛，例如蒲公英、婆羅門參，它們的細毛具有降落傘的功能。有些植物則長著翅膀狀的東西，例如針葉樹、楓樹、白樺、菩提樹、芹屬植物等。

有植物學家在書中記載：「在沒有風的晴天，總會看到許多植物的種子或果實，隨著氣流上升到相當的高度，直到薄暮時分，這些種子才可能飛舞落地。這類種子的飛行，能將種子散布在極廣闊的區域。有趣的是，種子能跑進急斜坡或斷崖的裂縫中，但用其他方法則很難辦到。其次，水平的氣流往往也會將飄浮在空中的種子或果實，帶到極其遙遠的地方。有一部分植物本身就是種子，所以附帶著降落傘一般的裝置或翅膀，能使它在空中飛揚。薊就是一個很好的例子，它的種子能平靜地在空中飄揚，一旦碰到障礙物時，附著的降落傘才會迅速脫離種子。我們常在房屋的牆壁或籬笆旁看到薊，理由即在此。當然，在碰到障礙物之前，降落傘始終附著在種子上。」圖 3-1 就是具有滑翔裝置的種子和果實。

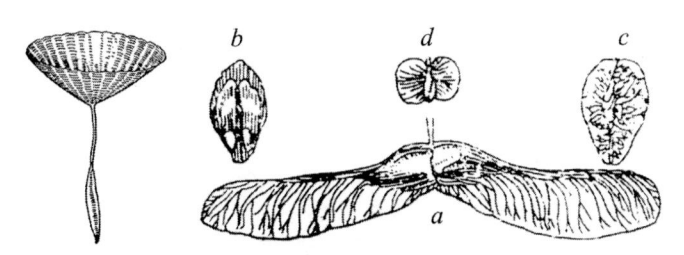

圖 3-1 具有滑翔裝置的種子和果實

這種植物的滑翔機，比人類所製作的滑翔機有更多的優點。它們能攜帶比本身重的物體，同時，也具備自動調節姿勢的穩定裝置。例如印度翅葫蘆的種子，當上下顛倒時，則以凸出的一端為下方，自行調整回原來的狀態。在飛行途中，縱使遭遇障礙物，被迫突然下降，也不會失去其穩定性，而緩緩落到地面上。

3.2　令人捏把冷汗的跳傘

跳傘中有一種項目叫做「超高度降落」。就是從高度 10,000m 的飛機中跳下來，可是直到高度 200～300m 的地方，降落傘還未張開，這是一種從高空迅速降落的危險競技。

第三章　有趣的空氣阻力

圖 3-2 降落傘

　　由於降落傘沒有打開，跳傘者就像石頭一樣，從高空迅速下墜，看起來也好像在真空中落下似的。倘若人的身體在空氣中下墜的情形和真空中墜落的情形相似，則超高度降落所需的時間必定比實際時間少，而且這種降落的最終速度，也必定快得令人害怕。

　　實際上，由於空氣阻力的關係，墜落速度的增加會遭受阻礙。超高度降落時，跳傘者的下墜速度，只有在最初的10s，也就是最初的幾百公尺間會有所增加。隨著降落速度的增加，空氣阻力也會迅速增大。沒過多久，降落速度的變化

減小,就在這一刻來臨時,原來的等加速運動會改變為等速運動。

就力學的立場而言,超高度降落的做法大致如下:跳傘者的加速度降落與體重無關。只有在最初的 12s 或比 12s 更短的時間內,也就是在 10s 左右的時間內,跳傘者會下降 400～450m,而下降速度約達 50m/s。在降落傘張開前,就維持這種速度,等速下降。

雨滴降落的情形和跳傘相似,只是最初降落的加速時間較短(不到 1s)這一點不同罷了。此外,雨滴最終的下降速度也比超高度降落的最終速度小,這點雖然得視雨滴的大小而定,可是大致仍在 2～7m/s 之間。

3.3 風箏何以升空?

試問五顏六色的各種風箏是怎麼往上飛的呢?如果能明白這個道理,那麼我們便會知道飛機為什麼會升空,楓樹的種子為什麼在空中飛揚,以及迴力鏢之所以會來回的原理了。雖然,空氣會阻礙子彈或砲彈的運動,但對楓葉種子、風箏或載有許多乘客的飛機,反而能使之上升。

在說明風箏升空的原理之前,請讀者先參考圖 3-3。假

第三章　有趣的空氣阻力

定圖中的 MN 為風箏的剖面，如果我們放開手中的風箏，扯動著線，風箏由於尾巴附著的重物，會與地面形成角度而向前進。假定傾斜的角度為 α 時，把風箏向左拉，會有何種力量產生呢？當然，空氣會阻礙風箏的運動，而對風箏產生某種壓力。圖中的箭頭 OC，就表示壓力對風箏剖面 MN 的作用力。根據力的平行四邊形法則，力 OC 可分解為 OP 與 OD 兩個力。OD 將風箏向後推，使速度減小，OP 則把風箏往上拉。這時，OP 就是升力，它可以抵消一部分風箏受到的重力。如果 OP 十分大，而超過風箏受到的重力，就能使風箏上升。我們拉動風箏線，而能使風箏上升，理由即在此。

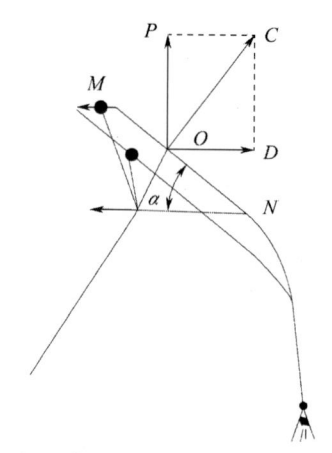

圖 3-3 對風箏作用的各方向的力

飛機飛行的原理和風箏相同，不同的是，螺旋槳或噴射引擎的推力取代了拉動風箏線的力，而這種推力就是使得飛

機升空的因素。當然，飛機升空所需的條件還有很多，這裡只是約略提及罷了，無法作詳細的說明，要想真正搞懂飛機飛起的原因，那只有看飛機原理方面的書籍了。

3.4　活生生的滑翔機

大家都以為飛機的構造與鳥類相似，實際上飛機的構造比較像鼯鼠或飛魚。但是鼯鼠利用飛膜的目的並不是想上升，而是想做更大的跳躍，也就是做「空中滑行」罷了。鼯鼠這種動物，雖然具有上一節所提到的力 OP，但 OP 並未和體重平衡。換言之，OP 的力量不大，只能抵消一部分重力，而幫助鼯鼠從高處順利跳躍（圖 3-4）。鼯鼠能從相距 20～30m 的高樹枝跳到低樹枝，而且跳起來很輕鬆。

圖 3-4 能滑翔 20～30m 的鼯鼠

第三章　有趣的空氣阻力

在印度和斯里蘭卡，棲息著大型鼯鼠，它們的大小如貓。當牠們展開所謂的「羽翼」時，寬約 50cm。因此，體重相當重的鼯鼠，也可藉著飛膜滑翔到 50m 之外。此外，在菲律賓群島一帶，聽說住著一種猴子，能滑翔 70m 之遠。

3.5　槍彈的空氣阻力

大家都知道，空氣會影響子彈的飛行，但知道空氣有阻力的人可能就不多了。一般人可能會覺得奇怪，空氣只是一種無形無質的東西，怎麼可能對高速飛行的子彈產生阻力呢？

由圖 3-5 可知，對子彈來說，空氣具有極大的阻力。圖 3-5 中的大圓弧，即子彈在空氣阻力不存在時的飛行路線。初速度為 602m/s，而以 45°角發射出的子彈，會畫出高約 10km 的大圓弧，而掉落到前方約 40km 的位置。可是當子彈實際射出時，卻會因受到空氣阻力的影響而落到前面約 4km 的地方。圖 3-5 中左側的小圓弧，若與大圓弧相比，渺小得幾乎看不見，這就是空氣阻力所造成的。如果空氣沒有阻力，槍以 45°的角度發射，子彈就可高達 10km，而射中 40km 遠處的敵人了。

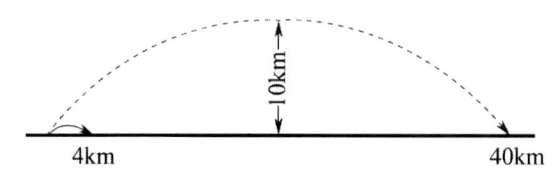

圖 3-5 真空中子彈的飛行路線

3.6　超遠端炮擊

第一次世界大戰的末期，德國砲兵部隊開始以 100km 或超過 100km 的炮擊距離，向敵人發動炮擊。確切的時間是 1918 年。當時，制空權被同盟國所掌握，因此，德軍參謀本部便以長程炮擊來代替對敵人的空襲，這種方法可在前線炮轟距離遠在 120km 以外的法國首都巴黎。這種方法以前沒人試過，德軍的使用也純屬偶然。就是用大口徑的大砲，以極大的仰角發射，使砲彈飛行高度達 40km。因為只有以很大的初速度與仰角發射的砲彈才可能進入阻力很小而空氣稀薄的大氣中。由於高空的空氣阻力小，砲彈的射程加大，使其落到較遠距離外的地面。由圖 3-6 可知，仰角發射的射程與一般方法的射程差別極大。

第三章　有趣的空氣阻力

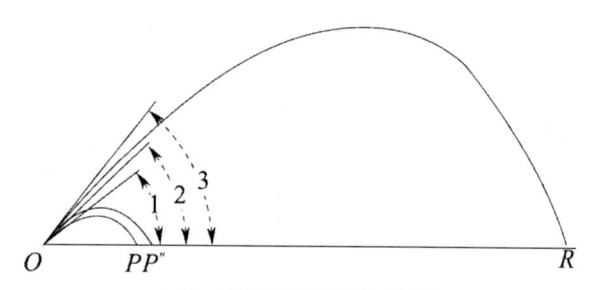

圖 3-6 仰角射程距離變化圖

當處於仰角 1 時，砲彈的落點為 P，仰角 2 的落點為 P″，仰角 3 則射程大幅度增加，落點為 R。因為這時砲彈在稀薄的大氣層中飛行。

根據這種理論，德軍為了炮轟 120km 外的巴黎，才著手研究「超遠端炮擊」。從 1918 年 3 月 23 日至 8 月 9 日，約有 180 發這種砲彈落入巴黎市區。

炮管長 36m，有外口徑寬約 1m 的巨大鋼鐵製炮身，炮身後部的厚度則為 40cm。大砲的質量達 375t。砲彈的長度為 1m，直徑為 21cm，質量則為 120kg。

射擊時，以 52° 仰角飛出去的砲彈，彈道會成一個極大的圓弧，最高點可達到離地面 40km 的平流層（同溫層）。在 3 分 30 秒內，砲彈就飛完 120km 的射程，而其中有 2 分鐘則是在平流層飛行。一般而言，子彈（或砲彈）的初速度越大，空氣阻力也就越大。

3.7 帆船逆風行駛的道理

你能想像一艘船能頂著風前行嗎？如果你問輪船方面的工作人員，他們會告訴你，當風和船的方向是完全相反時，船是無法行駛的；可是如果兩個方向間呈銳角，約 22°時船是可以前進的。

那麼，當帆船的前進方向與風向夾角很小時，船又是如何逆風而行的呢？要解決這個問題，我們首先要弄清楚風是如何將力量作用到船帆上的。很多人以為船在行駛過程中，帆動的方向就是風的方向，其實並非如此，船的推動力是風向與帆面垂直力的合力。

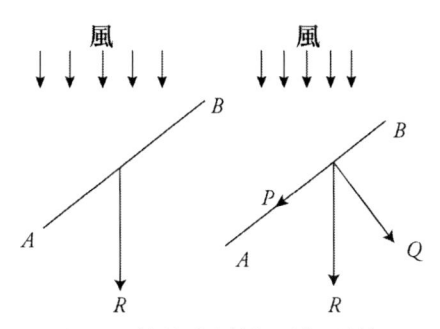

圖 3-7 風總是垂直於帆面作用於帆

我們設定圖 3-7 中的箭頭表示的是風向，線段 AB 表示的是帆。風力是均勻作用於整個帆面的，因此我們可以將受力點定在帆的正中，於是這個力就可以分解為與帆面垂直

第三章　有趣的空氣阻力

的力 Q 和與帆面平行的力 P。由於風與帆面間的摩擦力太小，力 P 推動不了帆前進，因此帆船的行駛就來自於力 Q。

現在我們再來解釋當夾角為銳角時，為何帆船仍能前進。我們假定圖 3-8 中的線段 AB 表示帆面，線段 KK' 為船的龍骨。箭頭的方向是風向。我們轉動船帆，使帆面恰好處於龍骨與風向夾角的平分線上。

根據圖 3-8 所示的原理，力 Q 來表示風對帆的作用力，這個作用力是垂直帆面向下的。那麼我們將這種力可以分解為與龍骨線垂直的力 R，和沿龍骨線向前的力 S。力 R 可忽略不計，因為龍骨吃水深，與船在行駛中遇到的水的阻力可以相互抵消，因此只有力 S 推動船前進，使船呈「之」字形逆風行駛，也就是船員們常說的逆風曲折行駛（圖 3-9）。

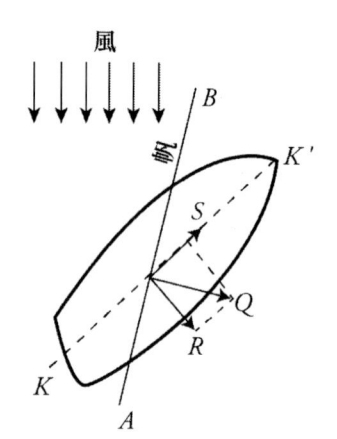

圖 3-8 帆船也能逆風行駛　　圖 3-9 帆船逆風曲折行駛

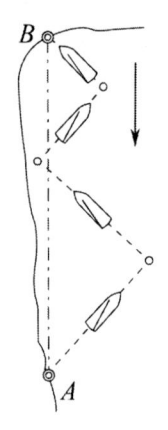

3.8 迴力鏢

迴力鏢是一種精巧武器，連科學家們也都一直讚嘆這武器的巧妙。如果你看過迴力鏢在空中所畫出來的弧線（圖3-10）你可能會更驚訝呢！若沒有擊中獵物，飛鏢就會沿著虛線的飛行軌跡回到手中。

圖 3-10 投擲迴力鏢的澳洲原住民

現在，人類已能對迴力鏢的飛行原理分析得很透澈，所以，人們已不再將它視為奇蹟了，本書限於篇幅，因此，我只挑幾個重點說明。迴力鏢神奇的飛行是由下面這三大要素配合起來的：

①最初的投擲，②迴力鏢的旋轉，③空氣阻力。

澳洲的原住民，就他們的本能把這三大要素結合起來。他們利用迴力鏢的傾斜角度、投擲力量及方向的巧妙改變，能將迴力鏢隨心所欲地投擲到自己所期望的投擲地點。

第三章　有趣的空氣阻力

　　要想運用自如,就必須有某種程度的技術。你不妨依圖 3-11 所示的方法,用明信片做個紙製迴力鏢,在自己家裡投投看。握柄部分長約 5cm,寬約 1cm。把紙製迴力鏢以圖 3-11 的方式用手拿著,而用手指來彈一端,必須稍微往上彈才可以。有時,迴力鏢會劃出一種奇怪的曲線在空中飛行 5m,然後落到我們的腳上。記住,不可讓它碰到屋內的任何東西。若利用圖 3-12 的尺寸和形狀(原尺寸)的迴力鏢,實驗起來將更輕鬆愉快。先將迴力鏢的柄做成螺旋槳狀。只要稍加練習,就可使迴力鏢在空中劃出複雜的曲線,然後飛回原處。

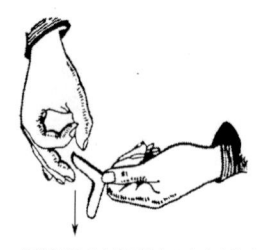

圖 3-11 用明信片做的迴力鏢與投擲法

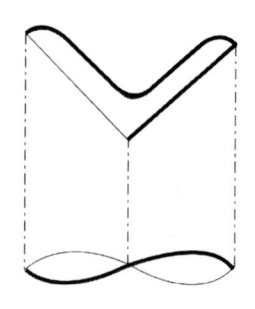

圖 3-12 其他形狀的紙製迴力鏢(原尺寸大小)

3.9 你知道空氣的作用有多大嗎？

透過上述案例，可能已體會到空氣的阻力是很大的，那麼空氣的作用到底有多大呢？下面透過一個有名的馬德堡半球實驗來具體體驗一下吧。

17世紀中葉，曾有一場極其精采的表演吸引了德國自民眾到皇室所有成員的目光，這場表演沒有一個人，而是由馬來完成的。表演場上有16匹馬（圖3-13），被分成了兩組，場中間有一個銅球，這個銅球是由兩部分組合而成的，兩組馬分別向不同的方向去拉銅球，希望把銅球分開，一開始不論馬如何使勁，銅球就是牢牢地黏合在一起，在不斷嘗試後，銅球終於分開成原來的兩半。這究竟是什麼作用的結果？市長奧托·馮·居里克（Otto von Guericke）輕描淡寫地說：「這就是空氣的力量。」

圖3-13 「馬德堡半球」實驗

這場表演發生在西元1654年5月8日，曾轟動了全球，而這位淡定的市長更是讓大家在戰爭的陰霾外關注到了科

第三章　有趣的空氣阻力

學。這位著名的物理學家居里克將這種半球稱為「馬德堡半球」，並在自己的書裡記下了這個有名的「馬德堡半球」實驗。他的這本書內容量很大，記錄了很多他親自做的或者經歷的實驗，該書最初於西元 1672 年在阿姆斯特丹出版。

其中上面的「馬德堡半球」實驗就被刊印在該書第 23 章，如下。

這個實驗為我們展現了空氣的巨大壓力，為了再次證實這種力量，我特意去定製了兩個銅製半球，當時工藝技術不高，我原計劃想要的半球直徑是 55cm，可事實拿到手的只有它的 67% 而已，不過幸運的是，至少兩個銅製半球之間完全等同。我在一個半球外做了一個閥門，這個閥門是用來將球內的空氣壓出，同時防止球外空氣漏入的。同時，每個半球上被安有兩個拉環，這兩個拉環都是固定不動的，將繩子穿過拉環再連到馬身上。此外我請人縫製了一個浸潤了石蠟和松節油的皮圈，用來拴住兩個半球，以防空氣進入。當閥門將球內空氣全部抽走後，兩個半球就真的緊緊地黏合在了一起，短時間內是很難分開的，而分開時就會發出「砰」的一聲巨響。

而如果，沒能把閥門關緊，或是故意讓其打開，以方便空氣的進入，那麼分開兩個半球就變得極其簡單了。當球內處於真空狀態時，何以分開這樣兩個半球如此困難呢？空氣的壓力約為 $1kg/cm^2$，半球的直徑是 36.85cm，因此半球黏合

處的圓的面積約是 1,060cm^2。換言之，每個半球承受的壓力將超過 1t，也就是每組的 8 匹馬都要付出 1t 的力才能讓半球移動。雖然 1t 的質量對於 8 匹馬來說不大，可是由於摩擦力的存在，馬實際需要付出的力量就大得多了，其力量大約等同於拉一個淨重 20t 的貨車，也就像一個靜止狀態的火車頭。

而在現實中，一匹馬正常能拉動的力量是 80kg，因此要拉開這兩個半球，1,000÷80=13，也就是說，只有當每組有 13 匹馬時，才能夠將半球拉開。而我們人體中就有一些關節，如髖部關節，與馬德堡半球一樣，由於大氣的壓力，我們人體髖部關節上的骨骼才不會脫開，而且非常結實。

第三章　有趣的空氣阻力

第四章　速度與加速度

　　宇宙中的物體都在運動。有的物體運動快,有的物體運動慢,這是不以人類意志為轉移的客觀規律。速度就是描寫物體運動快慢和方向的物理量,本章我們主要討論速度的大小,即物體運動快慢的問題。有人問,速度有極限嗎?過去科學家回答這個極限是光速,但是現代物理學家卻認為,光速也不是極限,還有超光速呢!這些都是頂尖科技,我們只需要簡單了解速度與加速度的概念、相應單位,及其在日常生活、航海、航空中的應用就行了。

第四章　速度與加速度

4.1　速度與快慢是一回事嗎？

先說一個小故事。

在很久很久以前,烏龜與兔子之間發生了爭論,牠們都說自己跑得比對方快。於是乎,牠們決定透過比賽來一決雌雄。在確定了路線後,牠們就開始跑了起來。

兔子一個箭步衝到了前面,並且一路領先。牠看到烏龜被遠遠地拋在了後面,兔子覺得自己應該先在樹下休息一會兒。

於是,兔子在樹下坐了下來,並且很快睡著了。烏龜慢慢地超過了兔子,並且完成了整個賽程,無可爭辯地當上了冠軍。後來,兔子醒了過來,發現自己輸了。

「龜兔賽跑」是一個家喻戶曉的寓言故事。它告訴我們不要輕視他人,同時,穩紮穩打定能獲得勝利。其中有哲理,也就是俗話所說的「不怕慢,只怕站」。這裡所說的「站」,指的是站住,也就是停下來,或者說速度為零。

圖 4-1 龜兔賽跑

4.1 速度與快慢是一回事嗎？

賽跑比什麼，比的就是速度，也就是平常說的比快慢。但是快慢與速度這兩個概念表面上看起來是一回事，實際上是有所不同的。就拿烏龜與兔子賽跑的故事來說，在人們的常識中，兔子的速度比烏龜快得多。也就是說兔子是快的代表，烏龜是慢的代表。但是，如果說拿速度是單位時間內所走的路程這個概念來看龜兔賽跑的故事，結果是烏龜的速度比兔子快。在這場比賽中，兔子知道烏龜絕對不是對手，在發出比賽開始的指令後，兔子讓烏龜先跑，自己先睡一覺。假設比賽的距離是 100m，烏龜需要 1h 的話，兔子至少可以睡 59min，剩下 1min，兔子跑百公尺也綽綽有餘，因為兔子平時的速度約是 600m/min。但是，比賽中的烏龜爬出了 102m/h 的速度，也就是兔子開始跑的那一刻，烏龜已經到達終點。這時兔子的速度是多少呢？因為兔子剛起步跑，比賽就結束了，它的速度只能是零，即使它跳出的一步有 10m，由於它也用了 59min，因此在這次比賽中它的速度大約只有 102m/h，兔子的速度當然比平時慢了很多。也就是說，這個著名的寓言故事中的兔子比賽時跑的速度比烏龜慢得多。這種比較速度的方法，就是在相同的路程中比時間，時間花得越少跑得越快。

速度是以單位時間內所走過的路程的多少來比較快慢的。單位時間內所走的路程越長，速度也就越快。只說快慢，沒有速度，大家會沒有一個定量的概念，提到速度，在

第四章　速度與加速度

單位相同的前提下，有了量的概念，也就馬上可以知道快慢的程度了。有了速度的概念，也就可以知道進行比較的兩者之間快多少或者慢多少。這使得速度在實際應用中成為生產和生活的重要的物理量，並且在比快慢時，多數情況下是在相同的時間裡比路程。當時間採用單位時間時，所走的路程也就是速度了。

4.2　五花八門的速度單位

我們已經知道，速度的大小描述的是物體運動的快慢。

長期的生活和生產實踐，使人們對速度有了基本的理解，對不同運動物體的速度已經有了常識性概念，如陸地上跑得最快的動物是獵豹，20s 能跑 800m 左右；海裡遊得最快的魚是旗魚，半小時可以遊 54km；天空中飛得最快的鳥是褐雨燕，一般情況下 1min 能飛 3,000m。

如果要問這 3 種動物哪個速度最快，即使已經給出了它們運動速度的記錄，你也不能馬上回答。為什麼？因為它們速度的單位不一樣，無法進行比較。這時只能將已經知道的速度換算成同一個單位才能比較它們的快慢。經過換算，我們可以得出獵豹的速度是 40m/s，旗魚的速度是 30m/s，而褐雨燕的速度是 50m/s。這就很清楚了，褐雨燕是這 3 種動物

4.2 五花八門的速度單位

中速度最快的。

事實上,我們對日常生活中的速度也是有概念的。從步行到跑步,從小型機動車到大型機動車,從火車到飛機等,人們對這些不同的物體的運動速度都有一些共識,跑比走快,車比人快,飛機比火車快等,在一般情況下不會搞錯或鬧出笑話來。這是因為大家明白,在說起這些不同速度的運動時,都用同一個單位來進行比較得出的結論,如 km/h。如果用的不是同一個單位,在不換算成同一個單位的情況下是沒有辦法直接進行比較的,否則就會鬧出笑話。

現在我們來看一個用錯速度單位的故事。

有一份報紙刊登了一篇新聞,某地一人醉酒駕車,撞倒了一對父女,父親當場死亡,女兒被送到醫院後也因傷勢過重搶救無效死亡。這家報社的記者寫道:「當時有人目擊車速達 80 碼/時以上⋯⋯」一位細心且積極推進使用標準化單位系統的部落格作者立即指出這個速度概念是錯的。他指出,車速 80 碼/時的車和烏龜的速度差不多了,是絕對撞不死人的。正確的說法應該是「當時有人目擊車速達 80 邁/時以上⋯⋯」。

但是,相信許多讀者仍然不明白,碼和邁究竟是什麼速度單位?

確實,不使用標準單位,就無法對速度的快慢有一個明確概念。例如,公尺每秒、公尺每分、公里每時,都是完全

第四章　速度與加速度

不同的單位，在進行比較時，一定要換算成相同的單位。至於為什麼會出現不同的單位，這是人們在表達上追求一目了然和明確的需求，如光速，即便用秒來衡量也是極大的數字，而烏龜的速度顯然不可能用秒來衡量。一個基本的原則是在數值上應該盡量是整數，在時間和距離上盡量用標準單位，如秒、分、時，以及公尺、公里等。

大多數情況下，人們採用標準的速度單位，但在一些傳統行業或特殊領域，仍然會使用一些特殊的速度單位。前面說到的邁或碼就屬於這種情況。

這裡所說的邁，是英制長度單位英哩「mile」的音譯，1邁約等於 1.609,3 公里，這樣說 80 邁／時，就是說車速達到了約 129km/h。

碼也是英制長度單位，1 碼約等於 0.914,4 公尺，1 邁約等於 1760 碼。如果將車速 80 邁／時說成 80 碼／時，那就更可笑了。人的步行速度約為 4,000～5,000 公尺／時，而 80 碼／時的速度只相當於每小時行進 73 公尺，這比人步行的速度慢得多，只是人快速步行速度的 1/70。我們有時聽到有人用「碼」表示汽車車速，這其實是一種誤用，最好還是用每小時多少公里來表示。

當然，現在仍然有些地方在使用「碼」這個單位。大家都知道足球罰點球的距離是 12 碼。這個碼的用法就是對的，12 碼的距離約等於公制的 11 尺。

無論是碼還是邁,都不是標準的速度單位,但仍然在一定範圍內使用著。

傳統與習慣在許多領域都表現出頑強的生命力,比如上面提到的速度領域。儘管世界上大多數國家都統一使用國際單位制,採用十進位制進位系統。但是,仍然有一些領域在使用非正式標準化的單位制,或使用行業內熟悉的表述方式,如航空領域使用的馬赫。

4.3　馬赫、音障指的是什麼單位?

我們在看軍事新聞時,有時在報導中讀到飛彈的速度是 3～5 馬赫。那麼這個馬赫是什麼單位?某飛機的巡航速度是 18 馬赫,這是多大速度?如果不將此速度換算成國際單位制,是難以理解的。

馬赫數是速度與音速的比值,符號為 Ma,一般用於飛機、火箭等航空航太飛行器。在標準音速下,1 馬赫相當於 340m/s,馬赫數 1 就是 1 倍音速。

當將 1 馬赫定義為 1 倍音速時,由於聲音在空氣中的傳播速度隨著不同的條件而變化,因此馬赫也只是一個相對的單位,每一馬赫的具體速度並不固定。在低溫下聲音的傳播

第四章　速度與加速度

速度低些，1馬赫對應的具體速度也就低一些。因此相對來說，在高空比在低空更容易達到較高的馬赫數。由於音速曾經被人們認為是飛機速度上的一個障礙，因此就有了「音障（Sound barrier）」這一名稱。用馬赫作為描述飛機等飛行器速度的相對單位，可以了解這些飛行器相較於音速的飛行能力。

在1個標準大氣壓和15℃的條件下，聲音在空氣中的傳播速度是340m/s。我們在日常生活中多少也能感受到聲音是有速度的，如在空曠大廳裡的回聲，雷暴天氣裡先看到閃電後聽到雷聲等，都是聲音傳播中的速度效應。至於為什麼要將聲音的速度作為一個標準來衡量飛行器的速度，這要從「音障」說起。

音障是聲音在空氣中傳播時出現的一種物理現象。飛行器（通常是航空器）在空氣中飛行時，發動機會發出強大的音波，同時機身與空氣的摩擦也會產生音波，但飛行器的速度接近音速時，局部氣流的速度可能會達到音速，產生局部震波（Shock Wave），從而使氣動阻力劇增，對飛行器的加速產生障礙。要進一步提高速度，就需要發動機有更大的推力。更嚴重的是，震波能使流經機翼和機身表面的氣流變得非常紊亂，從而使飛機劇烈抖動，操縱十分困難。同時，機翼會下沉，機頭往下栽。如果這時飛機正在爬升，機身會突然自動上仰。這些由於音障引起的狀況，都可能導致飛機墜毀。因此，音障是飛行器需要避免的一個速度區間，即要麼在亞音速飛行，要麼在

4.3 馬赫、音障指的是什麼單位？

超音速飛行,而不要以接近音速的速度飛行。

飛行器在突破音障進入超音波速後,高速振動的空氣會從飛行器最前端起產生一股圓錐形的聲錐,在旁觀者聽來這股強壓力波猶如爆炸一般,故稱為聲爆。強烈的聲爆不僅會對地面建築物產生損害,對於飛行器本身伸出衝擊面之外部分也會產生破壞。這對飛機來說是十分危險的。

除此之外,由於飛行器的速度快要接近音速時,周邊的空氣因音波疊合而呈現非常高壓的狀態,因此一旦物體穿越音障後,周圍壓力將會陡降。在比較潮溼的天氣,有時陡降的壓力所造成的瞬間低溫可能會讓氣溫低於它的露點,使得水氣凝結成微小的水珠,肉眼看來就像雲霧般的狀態。由於這個低壓帶會隨著空氣離機身的距離增加而恢復到常壓,因此整體看來形狀像是一個以物體為中心軸,向四周均勻擴散的圓錐狀雲團 (圖 4-2)。

圖 4-2 飛機突破音障瞬間

第四章　速度與加速度

4.4 在航海中「節」與「海里」表示什麼？

不只是對空中飛行器的速度有專用方式表達，對海上船隻的速度也有專用單位來描述。

這些專用的單位由於使用頻率不高，人們在生活中不經常見到，因此容易被搞錯。例如，某電視節目報導巡緝艇的航速時，字幕上寫的是「50 節（海里）」。這種表示方法是不正確的。

如果只寫「50 節」是可以的，編者擔心很多人不明白「節」的意思，就在後邊用括號做一個注解，表明「節」與「海里」相關。但是，根據規定，「節」是專用於航行速度的單位名稱，也是沿用的國際航海界慣用的單位，1 節 = 1 海里／時。因此，字幕應寫為「50 節（50 海里／時）」。

那「節」這個單位是怎麼產生的呢？早在 16 世紀，海上航行技術已相當發達，但當時沒有計程儀，因此難以確切判定船的航行速度。出海航行的水手們為此想出一些辦法來測量船航行的速度。他們在船航行時向海面丟擲拖有繩索的浮體，再根據一定時間裡拉出的繩索長度來計量船速。那時流行的計時器是沙漏。為了較準確地計算船速，有時放出的繩索很長，便在繩索上打了許多等距離的結，如此整根計速繩

4.4 在航海中「節」與「海里」表示什麼？

被分成若干節，只要測出相同的單位時間裡，繩索被拉曳的節數，自然也就測得了相應的航速。這樣，「節」在當時就成了航行速度的計量單位。當然，剛開始只是方便自己了解航行速度，所以最初節的長短不是固定值，有的長有的短。隨著航海活動的普及和比較船速的需求，最終將一節定義為一海里每小時，這就是「節」的來由。有時說到海水流速、海上風速、水中武器的速度，也常用「節」來表述。這樣，「節」這個概念一直沿用至今，成為航海界通用的速度單位。

「節」的符號是英文「knot」的詞頭，用「kn」表示。1節=1海里／時，也就是每小時行駛 1.852 公里。航海上還有一個計量距離的慣用語，這就是英制長度單位「鏈」，1鏈 =1／10 海里。海里並非是所有人都熟悉的長度單位，1 海里等於多少公里，也並不是所有人都能一口回答出來的。

海里是計量海上距離的長度單位，單位符號是「n mile」。它原指地球子午線上緯度 1 分的長度，由於地球是一個赤道鼓、兩極稍扁的橢圓體，不同緯度處的 1'的長度略有差異。在赤道附近 1n mile 為 1,842.94m；緯度約在 44°14'處，1n mile 的長度等於 1,852m；兩極附近 1n mile 為 1,861.56m。1929 年，國際水文地理學會議透過用 1'平均長度 1,852m 作為 1n mile 的標準長度。

我們通常最熟悉的速度單位是國際單位，例如 m/s、km/h。因此，要學會將這些慣用單位換算成我們熟悉的單位，才

可以做到心中有數並順利進行速度比較。

我們知道，1kn=1nmile/h=1,852km/h=（1,852/3,600）m/s。因此，前面提到巡緝艇的航速為 50kn，相當於 926km/h，約等於 2572m/s，這是非常快的航速。目前大多數軍艦的速度只有 30kn 左右。

4.5　速度的測量

在知道了速度單位在比較速度方面的重要性以後，我們透過已公布的數據和單位，就能對各種運動物體的速度進行比較了。知道了物體的速度，就能進行物體運動快慢的比較，這是很顯然的。但是，大多數物體的運動不是等速運動，因此，速度就不是一個固定的量值，而是會變化。這樣就難以進行速度的比較，或者只能以物體的平均速度進行比較。物體在每個特定地點的真實速度，只有依靠當時的實地測量，才能得到準確的數據。因此，就產生了速度的測量問題，即需要有一些方法，能對物體不同運動狀態下的速度進行測量。

測量速度所依據的公式是 $v=d/dt$。

根據速度的定義，可以用計時器和距離測量儀獲取單位

時間內位置的改變數，從而得出被測物體的運動速度。從精確度的角度來看，應該盡量測量足夠短的時間內位置的變化量，即要滿足以下幾點：

①測試系統中的時間單位要盡可能小，如毫秒、微秒級別。

②單位時間內的位置測定，如果沒有特別的要求，參照物一般選地面，座標取二維座標即可。

③如果是在空中運動的飛行器，需要選取三維座標。

早期的測速不夠準確，受限於當時的技術條件，只能用秒錶和直尺等度量工具測量。現代速度測量已經有很多先進的技術手段，如採用音波（都卜勒）、光波（雷射）、電子技術（GPS定位）等，都可以瞬時測得高速運動物體的速度。在使用速度概念時，有兩個問題是要注意的。

第一，參照物問題。我們平常所說的速度，都是以大地為參考系的，這樣才可以進行比較。根據運動的相對性原理，對於同一個運動物體，選用不同的參考系，速度是不同的。在以相對地面運動著的物體作參照時，保持原運動狀態物體的速度是變快了還是慢了呢？恐怕大多數人會認為這時的速度要比以大地為參照時慢，因為參照物也在動。但其實這不是能馬上回答的問題，這也就引出另一個要注意的問題，這就是速度是有方向的。

第四章　速度與加速度

　　第二，速度是向量。如果以相對地面運動著的物體作參照，當參照物的運動方向與運動物相同時，運動物的速度將變慢，如果參照物的速度等於運動物的速度，運動物的速度為零。行駛著的車以大地為參照是運動的，但以坐在車內的人為參照，速度是零。如果參照物的運動方向與運動物相反，這時運動物的速度要加上參照物的速度。兩輛各以50km/h運動的汽車相向而行時，當互相以對方車身作參照物來確定自己的車速時，速度就是100km/h。

4.6　極限速度

　　奧運有一句著名的格言：更快、更高、更強 —— 更團結。

　　在這種精神的鼓舞下，各種速度競賽的速度紀錄一再被刷新，特別是引人關注的百公尺世界紀錄。

　　百公尺世界紀錄是所有體育項目中最神聖的紀錄之一，是人類對自身極限最原始的挑戰，也是最勇敢的探索。它的每一次突破都預示著人類身體極限的又一次飛躍。

　　現在的百公尺世界紀錄是牙買加運動員尤塞恩・博爾特在2009年8月16日德國柏林田徑世界錦標賽100公尺決賽中創造的9秒58。據說已經接近當代人類奔跑的極限。

4.6 極限速度

　　奧林匹克精神在人類的其他競速活動中也一再上演。因為現代人越來越需要更快的速度，無論是物流還是資訊流，講求都是高速。最典型的是交通工具的速度一再被刷新，從腳踏車到汽車，再到火車、飛機，人類一再創造著新的速度紀錄。即使飛機這樣的高速交通工具也不能完全滿足人們對速度的要求，現在已經有人提出了「膠囊高鐵」的理念（也叫「超級高鐵」），並開始設計研發。按照設計師的設想，工程人員將在地面上搭建作用類似鐵路軌道的固定真空管道，在管道中安置「膠囊」座艙。由於執行空間是低真空環境，摩擦力小，列車執行速度最高可能達到 6,500km/h。如果這個設想變為現實，世界各大洲之間的旅行就只需 1～2 個小時。

　　有人認為這簡直是瘋狂之舉。但這遠不是人類追求的速度極限。我們後面還會談到，人類要飛離地球，飛出太陽系，就要有更高的速度。

　　那麼，這種速度有極限嗎？

　　過去的物理學家回答說，有，這就是光速。

　　但是，現代物理學家卻說，光速也不是極限，還有超光速。超光速？這可不是百公尺世界紀錄被打破問題，而是顛覆世界的問題。可是，我們平時很少考慮光速的問題，且不說超光速了，僅光速本身就需要人類認真了解和探索。

第四章　速度與加速度

4.7　光速是怎樣測定的？

很久以來，人們普遍認為光的速度是無限大的，光的傳播不需要時間。

16世紀末，當時著名的科學家克卜勒和笛卡兒都認為光的傳播不需要時間，是在瞬時進行的。但是，也有人不同意這個說法。第一個站出來表示懷疑的是義大利科學家伽利略。他為了證明光的傳播也需要時間，還進行了測量光速的實驗。

伽利略請來兩個人分別站在相距 15km 的兩個山頭上，每個人手裡拿一盞煤油燈，第一個人先舉起燈，當第二個人看到第一個人的燈時立即舉起自己的燈，從第一個人舉起燈到他看到第二個人的燈，這個時間間隔就是光傳播 3km 的時間。由於光傳播的速度實在是太快了，在這麼短的距離內根本察覺不到先後舉燈的時間差，也就是說，這兩個人幾乎是同時舉起了燈。雖然這個實驗以失敗告終，但是這個實驗揭開了人類對光速進行研究的序幕。

西元 1676 年，丹麥天文學家羅默第一次提出了有效的光速測量方法。他在觀測木衛一的衛星蝕時，發現在一年的不同時期，衛星蝕的週期有所不同，在地球處於太陽和木星之間時的週期與太陽處於地球和木星之間時的週期相差十四五

4.7 光速是怎樣測定的?

天。他認為這種現象是由於光速造成的,他還推斷出光跨越地球軌道所需要的時間是 22 分鐘。西元 1676 年 9 月,羅默預言 11 月 9 日上午 5 點 25 分 45 秒發生的木星衛星蝕將推遲 10 分鐘。巴黎天文臺的科學家懷著將信將疑的態度,對這次木星衛星蝕現象進行了觀測,並最終證實了羅默預言的正確性。

不過,羅默的理論沒有馬上被法國皇家科學院接受,但是得到了著名科學家惠更斯的贊同。惠更斯根據他提出的數據和地球的半徑第一次計算出了光的傳播速度是 214,000km/s。雖然這個數值與目前測得的最精確的數據相差甚遠,但這啟發了惠更斯對波動說的研究。更重要的是,這個結果的錯誤不在於方法的錯誤,只是源於羅默對光跨越地球的時間的錯誤推測,現代用羅默的方法經過各種校正後得出的計算結果很接近現代實驗室所測定的光速精確數值。

光速的測定,成了 17 世紀以來所展開的關於光的本性的爭論的重要依據。但是,由於受當時實驗環境的限制,科學家只能以天文方法測定光在真空中的傳播速度,還不能解決光的傳播受介質影響的問題,因此關於這一問題的爭論始終懸而未決。

西元 1725～1728 年,英國天文學家布拉德雷發現了光行差,以意外的方式證實了羅默的理論。剛開始時,他無法解釋這一現象,直到 1728 年,據說他在坐船時受到風向與船

航向的相對關係啟發，推測出光的傳播速度與地球公轉共同引起了光行差的現象。他用地球公轉的速度與光速的比例估算出了太陽光到達地球需要 8 分 13 秒。這個數值比羅默測定的要精確一些。布拉德雷測定值證明了羅默有關光速有限性的說法。

18 世紀，科學界是沉悶的，光學的發展幾乎處於停滯的狀態。

繼布拉德雷之後，經過一個多世紀的醞釀，到了 19 世紀中期，才出現了新的科學家用新的方法來測定光速。

4.8 超光速

在相對論裡，愛因斯坦提出了光速是速度極限的猜想，但是，這一猜想在實踐和理論上都有待於探討。根據質量與能量的變化，粒子的質量轉化為能量，能量越大，速度就越高。假如粒子的全部質量徹底轉化為能量，那麼粒子的能量就達到極限，粒子的速度也達到極限。假如光子沒有靜質量，反映出光子的全部質量已徹底變為能量，也就是說光子的能量已達到極限，那麼光子的速度也就是極限。這就是光速極限的道理。計算表明，光速約為 3×10^8 m/s，即 1 秒鐘

光幾乎可以繞地球赤道 7 周半。

因此，在經典物理學和愛因斯坦的現代物理學理論中，光速是速度的極限，沒有超光速。對於科幻迷，這可能是一個壞消息。如果沒有超過光速的物質存在，我們幾乎可以肯定，外星人來不了地球，我們也無法去宇宙其他地方尋找外星人。

當然，許多科幻小說仍然描繪超光速的存在，並且只有利用超光速飛行，故事才得以演繹下去。為了說服讀者，科幻作家也常常不得不在作品中引入一些編造的物理概念，如「曲速引擎」、「時間隧道」、「超時空」、「亞空間」等。

這些編造的物理概念啟發了物理學家，使他們也藉助某些假設來討論超光速這類極為前沿的課題。

例如，引入「快宇宙」和「慢宇宙」的概念，就可以使超光速成為可能。這與所謂的「超時空」，是否有似曾相識的感覺呢？當然，這種假設仍然是基於對微觀粒子的研究，因此，不能簡單地與科學幻想相提並論。

4.9　賽跑與牛頓第二定律

賽跑也就是看誰跑得快。在賽場上經常聽到這樣的喊叫：「快看！趕上來了！趕上來了！超過去了！」這是在無數

第四章　速度與加速度

次短跑比賽中反覆出現的場景。從學校體育課的操場到世界田徑錦標賽的跑道，由於最後的爆發力產生的加速度，經常有所謂的「黑馬」在最後時刻搶先衝過終點，速度紀錄一再被刷新。

顯然，能夠在最後關頭衝過終點的人，一定要在極短的時間內提高自己的速度，這種在一定時間內增加速度的過程就是加速的過程。

不只是賽跑，在很多速度發生改變的運動中，都會涉及加速度的問題，如賽車，速度爭奪更為緊張刺激，這也使得這項運動成為全世界吸引最多觀眾的比賽之一。

所有速度比賽的懸念就在加速度。如果大家都以各自均勻的速度進行比賽，結果基本上就是可以預知的，也就沒有多少人會去觀看這樣的比賽。因為加速度不同，每次比賽都會有不同的結果，運動員會在衝刺時提速，在彼此距離相差不大的情況下，誰的加速度大，獲勝機會越大。由此可見，速度比賽是與牛頓第二定律，即力和運動的定量關係有關。

在牛頓運動定律中，人們比較熟悉牛頓第一定律（慣性定律）和牛頓第三定律（作用力與反作用力定律），這是因為這兩個定律比較容易理解，也很容易從生活中找到例子，但是，對於牛頓第二定律，即有關加速度的定律，就不是很熟悉了。加速度是一個重要的力學概念，也有極為重要的應用價值，下節就專門介紹加速度。

4.10 什麼是加速度？

加速度是速度對時間的變化率。以 v 表示速度，t 表示時間，a 表示加速度，就有

$$a = \frac{\mathrm{d}v}{\mathrm{d}t}$$

加速度是描述物體速度改變快慢的物理量，單位是 m/s2。加速度是向量，它的方向是物體速度變化量的方向，與合外力的方向相同。在直線運動中，如果速度增加，加速度的方向與速度方向相同；如果速度減小，加速度的方向與速度方向相反。

在經典力學中，加速度是一個非常重要的物理量。在慣性參考系中某個參考系的加速度在該參考系中表現為慣性力。加速度也與多種效應直接或間接相關，如帶電粒子的加速度產生電磁輻射等。

考察加速度時，隨著物體的運動方式和方向的不同，加速度有不同的表達。通常有以下幾種情況是需要注意的：

①當物體的加速度保持大小和方向不變時，物體就做等加速運動，如自由落體運動、平拋運動等。當物體的加速度方向與初速度方向在同一直線上時，物體就做等加速直線運動，如垂直上拋運動。

第四章　速度與加速度

②加速度可由速度的變化和時間來計算，但決定加速度的因素是物體所受合力 F 和物體的質量 m。

③加速度與速度無必然聯繫，加速度很大時，速度可以很小；速度很大時，加速度也可以很小。例如，砲彈在發射的瞬間，速度為零，加速度非常大；以高速做等速直線運動的賽車，速度很大，但是由於是等速行駛，速度的變化量是零，因此它的加速度為零。

④加速度為零時，物體靜止或做等速直線運動（相對於同一參考系）。任何複雜的運動都可以看作無數的等速直線運動和等加速運動的合成。

⑤速度因參考系（參照物）選取的不同而不同，一般取地面為參考系。

⑥當運動物體的速度方向與加速度（或合外力）方向之間的夾角小於 90°且不等於 0°時，速率將增大，速度的方向將改變；當運動物體的速度方向與加速度（或合外力）方向之間的夾角大於 90°且小於或等於 180°時，速率將減小，速度的方向將改變；當運動物體的速度方向與加速度（或合外力）方向之間的夾角等於 90°時，速率將不變，但速度方向改變。

⑦力是物體產生加速度的原因，物體受到外力的作用就產生加速度，或者說力是物體速度變化的原因。

⑧加速度的大小比較只比較其絕對值。物體加速度的大

小跟作用力成正比，跟物體的質量成反比，加速度的方向跟作用力的方向相同，正負號僅表示方向，不表示大小。

在現實生活中，對於所有運動的物體，由於在運動過程中經常會發生力的改變，因此，產生加速度就是經常發生的事情。汽車的加速和煞車都是加速度在發揮作用。加速很容易理解，加大油門就意味著增加了能量的消耗，從而產生更大的輸出，車子獲得加速度，車速得以提高。而煞車也產生加速度嗎？是的，煞車是透過制動摩擦片控制車輪，車輪與地面摩擦使車獲得與車速相反方向的加速度（負的加速度），最終將車停了下來。

4.11　不同運動中的加速度

由於運動方式有許多種，對於不同的運動方式會有不同的加速度。對於有些特定且常見的運動方式，有確定的加速度計算方法和量值，這給力學研究和計算帶來了方便。

1. 向心加速度

向心加速度的計算公式

$$a = \frac{v^2}{R}$$

第四章　速度與加速度

式中，R 為圓周運動的半徑，v 為速度（特指線速度）。

①等速圓周運動並不是真正的等速運動，因為它的速度方向在不斷地變化，所以說等速圓周運動只是等速率運動的一種，但是人們習慣上稱其為等速圓周運動。

②等速圓周運動的向心加速度總是指向圓心，即不改變速度的大小，只是不斷地改變著速度的方向。

③等速圓周運動也不是勻變速運動，向心加速度的方向也在不斷改變，但永遠指向圓心且大小不變。

2. 重力加速度

地球表面附近的物體因受重力作用而產生的加速度叫做重力加速度，也叫自由落體加速度，用 g 表示。

重力加速度 g 的方向總是垂直向下的。在同一地區的同一高度，任何物體的重力加速度都是相同的。

重力加速度的大小隨海拔高度增大而減小。當物體距地面高度遠遠小於地球半徑時，g 的值變化不大；離地面高度較大時，重力加速度 g 的值顯著減小，此時不能認為 g 為常數。

距離地面同一高度的重力加速度，也會隨著緯度的升高而變大。重力是萬有引力的一個分力，萬有引力的另一個分力提供了物體繞地軸做圓周運動所需要的向心力。物體所處

4.11 不同運動中的加速度

的地理位置緯度越高，圓周運動軌道半徑越小，需要的向心力也越小，重力將隨之增大，重力加速度也變大。地理南北兩極處的圓周運動軌道半徑為零，需要的向心力也為零，重力等於萬有引力，此時的重力加速度也達到最大。

最早測定重力加速度的是伽利略，他利用斜面測量小球滾動的距離和時間，透過研究它們之間的關係，得出了重力加速度的值。另一個測量重力加速度的方法是利用阿特伍德機。西元 1784 年，阿特伍德將質量同為 M 的兩個重塊用繩連結後，放在光滑的定滑輪上，再在其中一個重塊上附加一重量小得多的重塊 m。這時，重力拖動大質量物塊，使其產生一微小加速度，測得 a 後，即可算出 g。後人又用各種優良的重力加速度計測定 g。

由於 g 隨緯度變化不大，因此國際上將在緯度 45°的海平面精確測得物體的重力加速度 g=9.806,65m/s2，作為重力加速度的標準值。在解決地球表面附近的問題中，通常將 g 作為常數，在一般計算中可以取 g=9.80m/s2。理論分析及精確實驗都表明，隨緯度增大，重力加速度 g 的數值逐漸增大。例如，赤道 g=9.780m/s2，北極地區 g=9.832m/s2。

月球表面的重力加速度約為 163m/s2，約為地球表面重力加速度的 1/6。

在加速度保持不變的時候，物體也有可能做曲線運動。

第四章 速度與加速度

例如，當你把一個物體沿水平方向用力丟擲時，這個物體離開手以後，在空中劃過一條曲線，落在了地上，如圖 4-3 所示。

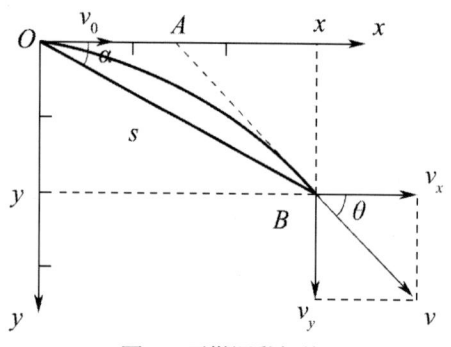

圖 4-3 平拋運動規律

物體被丟擲以後，受到的只有垂直向下的重力，因此加速度的方向和大小都不改變，但是物體由於慣性還在水平方向上以出手時的速度運動。這時，物體的速度方向與加速度方向就不在同一直線上了，物體就會往力的方向偏轉，劃過一條往地面方向偏轉的曲線。由於重力大小不變，因此加速度大小也不變，物體仍然做的是等加速運動，不過是等加速曲線運動。

4.12 何謂宇宙速度？

所謂宇宙速度，是從地球表面向宇宙空間發射太空飛行器所需的最低速度。根據飛行器飛離地球後是圍繞地球做慣性飛行，還是掙脫地球引力飛往其他不同距離的星球，宇宙速度是有所不同的。簡單地說，飛得離地球越遠，所要求的宇宙速度也就越高。

人們根據飛離地球要達到的不同目的而將宇宙速度分成4個級別，分別是第一宇宙速度、第二宇宙速度、第三宇宙速度和第四宇宙速度。

1. 第一宇宙速度（V1）

第一宇宙速度是太空飛行器離開大氣層後沿地球表面做圓周運動時必須具備的速度，也叫環繞速度。按照力學理論可以計算出 V1=7.9km/s。太空飛行器在距離地球表面數百公里以上的高空執行，地面對太空飛行器的引力比在地面時要小，故其速度也略小於 V1。

2. 第二宇宙速度（V2）

當太空飛行器超過第一宇宙速度 V1 達到一定值時，它就會脫離地球的引力場而成為圍繞太陽執行的人造天體，這

第四章　速度與加速度

個速度就叫做第二宇宙速度，亦稱逃逸速度。按照力學理論可以計算出第二宇宙速度 V2=11.2km/s。由於月球還未超出地球引力的範圍，故從地面發射探月太空飛行器，其初始速度不小於 10.848km/s 即可。

3. 第三宇宙速度（V3）

從地球表面發射太空飛行器，飛出太陽系，到浩瀚的銀河系中漫遊所需要的最小速度，叫做第三宇宙速度。按照力學理論可以計算出第三宇宙速度 V3=16.7km/s。需要注意的是，這是選擇太空飛行器入軌速度方向與地球公轉速度方向一致時計算出的 V3 值；如果方向不一致，所需速度就要大於 16.7km/s。

4. 第四宇宙速度（V4）

第四宇宙速度是指在地球上發射的太空飛行器擺脫銀河係引力束縛，飛出銀河系所需的最小初始速度。由於人們尚不知道銀河系準確的大小與質量，因此只能粗略估算第四宇宙速度，其數值為 110～120km/s，而實際上，目前沒有太空飛行器能夠達到這個速度，人類還不能發射飛出銀河系的太空飛行器。要在未來發射飛出銀河系的太空飛行器，還需人們繼續努力。

這種可能性是存在的。一個似乎可行的方案是利用其他星球作為跳板，一級一級地遠離太陽系，到達銀河系邊緣，從那裡出發，就可以進入河外星系了。

4.13　火箭接力知多少？

上節講的宇宙速度，雖然是經過理論計算出來的，但有些已經被證明是完全正確的，人們已經設計出相應的火箭來達到不同的宇宙速度，從而實現了人類飛往太空的夢想。

目前所有的發動機，都存在因為機械能轉換的問題而難以達到宇宙速度所需要的動力，但是火箭可以達到。因此，火箭成為目前人類獲得宇宙速度的唯一動力源，被稱為運載火箭。

運載火箭的用途是把人造地球衛星、載人飛船、太空站、空間探測器等酬載送入預定軌道。由於所搭載的酬載不同或所要求的宇宙速度不同，運載火箭可以是單級火箭，也可以是由多級火箭組成，一般由 2～4 級組成。每一級都包括箭體結構、推進系統和飛行控制系統。末級有儀器艙，內裝制導與控制系統、遙測系統和發射場安全系統。級與級之間靠級間段連結。酬載裝在儀器艙的上面，外面套有酬載護

第四章　速度與加速度

罩,以防護酬載不受在大氣層內飛行時產生的高溫的影響。

為什麼要採用多級火箭?原因很簡單,在單級火箭的動力達不到要求時,需要用多級火箭來獲得所需要的動力。這實際上是一種動力接力模式。

運載火箭是第二次世界大戰後在飛彈的基礎上開始發展的。第一枚成功發射衛星的運載火箭是蘇聯用洲際飛彈改裝的衛星號運載火箭。到1980年代,蘇聯、美國、法國、日本、中國、英國、印度和歐洲航太局已成功研製20多種具備大、中、小運載能力的火箭。最小的火箭質量僅為10.2t,推力125kN,只能將質量為1.48kg的人造衛星送入近地軌道;最大的火箭質量超過2,900t,推力33,350kN,能將120t左右的載荷送入近地軌道。

目前火箭所用的推進劑分為液體推進劑和固體推進劑兩類。液體推進劑燃燒效能好,點火快,但是有些液體推進劑有毒,並且有腐蝕性,因此不能在箭體內長期儲存,只能在臨發射時往裡注入,這就導致發射準備時間長。固體推進劑裝填容易,熱值高,可以在箭體內長期儲存,但是技術複雜,成本較高。因此,對於太空飛行器的發射,由於有充分的準備時間,又是一次性發射,採用液體推進劑就是順理成章的事了。

火箭發射需要專門的發射設備,特別是航太發射,要求

發射場是一個完備的發射和控制中心,即航太發射中心。在中心設有各種保障設施和遙測遙控設備。各國都在適當的位置建有自己的發射中心。

發射中心的選址也有很多要求。在適合的緯度設立發射中心,可以節省燃料。例如法屬蓋亞那庫魯航太中心,被認為是世界最佳發射基地之一,因為與世界上其他發射中心相比,庫魯航太中心更靠近赤道,對發射靜止衛星極為有利。

當然,並不是所有國家都有這麼好的地理位置,只要有技術和經濟實力,在很多地方都可以建立航太發射中心。世界著名的發射中心有甘迺迪航太中心,位於美國佛羅里達州東海岸的梅里特島;俄羅斯的普列謝茨克航太發射基地,位於俄羅斯北部白海以南300公里處的阿爾漢格爾斯克地區,建於1957年。該基地主要用於發射照相偵察衛星,是世界上發射衛星最多的航太發射基地,發射次數占全世界總數一半以上。

火箭從升空到進入最終設定的執行軌道,要經過以下三個飛行階段:

1. 大氣層內飛行段

火箭從發射臺垂直起飛,在離開地面以後的十幾秒內一直保持垂直飛行。在垂直飛行期間,火箭要進行自動方位瞄準,以保證火箭按規定的方位飛行。然後轉入零攻角飛行

段。火箭要在大氣層內跨過音速，為減小空氣動力和減輕結構重量，必須使火箭的攻角接近於零。

2. 等角速度程序飛行段

第二級火箭的飛行已經在稠密的大氣層以外，酬載護罩在第二級火箭飛行段後期被拋掉。火箭按照最小能量的飛行程序，即以等角速度做低頭飛行。達到停泊軌道高度和相應的軌道速度時，火箭即進入停泊軌道滑行。對於低軌道的太空飛行器，火箭這時就已完成運送任務，太空飛行器便與火箭分離。

3. 過渡軌道段

對於高軌道或行星際任務，末級火箭在進入停泊軌道以後還要再次工作，使太空飛行器加速到過渡軌道速度或逃逸速度，然後與太空飛行器分離。

如果發射的是返回式太空飛行器，在返回艙系統還備有調節返回艙姿態和保證進入返回軌道的動力，即有返回使用小型火箭裝置。從整個航太發射過程可見，火箭發揮了關鍵的作用。它既是太空飛行器獲得宇宙速度的動力，又是操控太空飛行器調整姿態的動力，也是返回式太空飛行器能夠順利返回的重要保證。

第五章　生活中的力學

「生活中無處不存在力效應」,這不是一句虛話、大話,而是實實在在的事實。本章在前四章力學知識的基礎上,列舉了一些生活裡常見的有趣小問題,就可以充分說明這一點,下面各章還要繼續用各方面的案例,進一步說明這句話的真實性。

第五章　生活中的力學

5.1　定滑輪能拉起比身體還重的行李嗎？

假定一個人能抬起質量為 100kg 的行李。現在，有一個人要抬更重的行李，如果他利用固定於屋頂的定滑輪，而以繩子綁住行李，如圖 5-1 所示，他能抬起多重的行李呢？

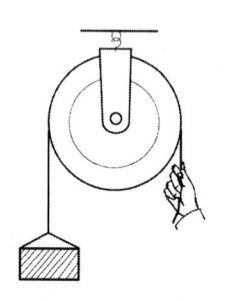

圖 5-1 定滑輪

由於定滑輪的中心軸固定不動，定滑輪的功能可改變力的方向，但不能省力。當牽拉重物時，可使用定滑輪將施力方向轉變為容易出力的方向。使用定滑輪時，施力牽拉的距離等於物體上升的距離，若不考慮摩擦的話，繩索兩端的拉力相等，不能省力也不費力。所以，輸出力等於輸入力，不計摩擦時，定滑輪的機械效率接近於 1。當我們拉動掛在定滑輪上的繩子時，我們不可能拉得動超過自己體重的行李。因此，體重在 100kg 以下的人，根本就無法利用定滑輪抬起 100kg 重的行李。

5.2　乘氣球

　　氣球自由地飄浮在空中，一動也不動。氣球下面掛著一個籃子，而籃子裡的人，正想利用繩梯爬到氣球上面。

　　請想一想，這時氣球會往哪一個方向移動，往上還是往下呢？

　　可以肯定地回答，氣球會稍向下移動。這是因為這個人沿著繩梯向上爬時，連帶著會將繩梯和氣球一起朝相反方向施力，根據作用力與反作用力定律，所以氣球會向下移動。這個就好像一個人在小船上走動的情形一樣，小船會稍向人走動的相反方向，也就是稍微向後移動。

5.3　繩索會在哪裡斷？

　　如圖 5-2 所示，在打開的門扉上，橫放著一根木棒，木棒上綁著一條繩子，繩子的中央部分繫了一本很重的書，而在書本下端的繩子還繫著一把尺子。試問，如果你用力拉繩子，繩子會在什麼地方斷掉呢？

　　答曰，在書的上方，或者在書的下方，這要看你是怎麼

第五章　生活中的力學

拉繩子的。如果你慎重而緩慢地拉,就會在書本上方斷裂;倘若你快速地一拉,繩子則會在書本的下方斷裂。

圖 5-2 慣性小實驗

這是為什麼?倘若你緩慢地拉動,由於這條繩子的上方原本就支撐著一本書的質量,現在又加上你手上的力量。但在書本下方的繩子,承受的卻只有手的力量,因此,繩子就會在書本的上方斷裂(尺和繩子的質量太輕,不必猜想)。

如果你拉得很快,情形就不同了。由於動作在一瞬間完成,根據慣性性質,書本還沒有充裕的時間做動作,而書本上方的繩子也尚未伸展,全部手拉的力量都集中在書本下方,所以繩子才會在書本下方斷裂。

5.4 有缺口的小紙片實驗

如圖 5-3 所示長約 9cm，寬約 2cm 的小紙片，在它的兩個地方剪出兩個缺口，再用手拿著紙片的兩端，向左右拉，結果會如何呢？您可以問問您的朋友。

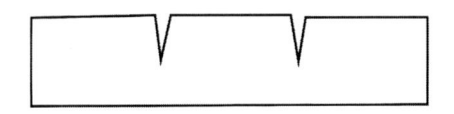

圖 5-3 有缺口的小紙片

「會從有缺口的地方斷掉。」有些朋友會這麼回答。你可再進一步追問，「可能會斷成幾片呢？」

一般的答案是 3 片。這時，最好讓你的朋友自己動手做一做，事實勝於雄辯嘛。

你的朋友會親眼看到，自己的判斷是不正確的。因為紙片只會分裂為二。

為了進一步證明這一事實，不妨再利用各種大小的紙片，製造各種深度不同的缺口，做過無數次的實驗後，你就會知道，紙片裂開後的數量，不可能在兩個以上，紙片在最脆弱的地方就斷裂了。

有兩個缺口的紙片，不管你怎樣使缺口的大小相同，但缺口的大小還是不一樣，必定會有一個缺口比另一個缺口

深——雖然我們的眼睛看不出來，但是因為兩個缺口的深度不同，較深的缺口就成為紙片最脆弱的部分，所以在最初就會裂開。一旦裂開後，就會裂到底，因為在裂開以後，這部分就變得更加脆弱了。

5.5　雜耍藝人頭頂缸為什麼掉不下來？

多數人都看過雜耍藝人頭頂缸的情景。缸就像黏在雜耍藝人頭頂上一樣，任憑雜耍藝人怎麼晃動，缸就是掉不下來。這到底是怎麼回事呢？

其實道理很簡單，那就是二力平衡問題。所謂二力平衡是指作用在物體上的兩個力要達到平衡，二力必須大小相等，方向相反，作用線相同，且作用在同一物體上。

此時缸只受到兩個力的作用，一個是缸的重力 W，一個是頭頂對缸的支持力 FN。雜耍藝人隨著缸的不斷晃動，不時變換身體的位置，其目的就是始終使缸的重力 W 的作用線與頭頂對缸的支持力 FN 的作用線重合，以保持缸的相對平衡，這樣缸就掉不下來了。

5.6　不倒翁爲什麼永遠不會倒？

我們小時候肯定都玩過不倒翁（圖 5-4）覺得這個搖搖晃晃，就是不會倒地不起的小人，真有意思。我們也曾經好奇過不倒翁為什麼就是不會倒呢？就是不知其中的道理。現在，就讓我們用自己學到的力學知識來解釋幼時的迷惑吧！

圖 5-4 不倒翁

大家都明白這樣的一個道理，要想讓一個物體平穩地立在那裡，而不會被推倒，底盤一定要夠大，重心也要夠低。就像我們看到的「塔」，它也是最低一層的面積非常大，然後一層一層地往上遞減。這樣的話，即使上面擺了很多層也不用擔心它會倒塌。

不倒翁的製作原理也是這樣。雖然不倒翁的整個身體很輕，但是在它的底部會放一塊比較重的鉛塊或鐵塊，這樣就把它的重心降低了。同時，不倒翁的底部也很大，還很圓，這樣一來不倒翁便不容易跌倒，還能在那兒左右搖晃呢。

當不倒翁向一邊傾斜時，它的支點就會發生改變，重心和支點也就不在同一條線上了，不能平衡了。此時的不倒翁就會

第五章　生活中的力學

在重力的作用下繞著一個支點擺動，直到恢復正常的位置才會停下來。而且，不倒翁傾斜的角度越大，重心離開支點的水平距離也就越大，從而由重力產生的擺動幅度也越大，使它恢復到原來位置的力也就越顯著。所以，不倒翁永遠也推不倒。

5.7　平衡的鐵棒

一般人看到過的情形，大多是中央用線掛起來的鐵棒靜止不動，但它要保持水平才能平衡。因此人們就急於給出了結論，認為貫穿在軸上的鐵棒也只有在水平的狀態才能平衡。這根鐵棒，在正中心鑽的孔裡穿過一根細金屬絲，一定要牢固，然後讓鐵棒轉動，讓它能夠圍繞著水平軸線轉動，如圖 5-5 一般。很多人以為，水平狀態是唯一可以維持平衡的狀態，鐵棒就是停在這個狀態。事實上，如果在鐵棒的重心給予一個支持的力量，鐵棒可以在任何的狀態平衡。

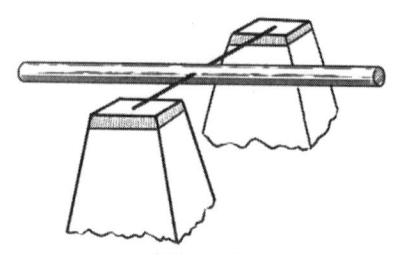

圖 5-5 鐵棒的隨遇平衡

不過前面提到用線掛起來的棒和貫穿在軸上的棒，所需的條件並不相同。所謂隨遇平衡的狀態，要求穿在軸上的孔嚴格地支持在鐵棒的重心上。而懸掛在細線上的棒（圖5-6），懸掛點這時並不是正好在重心點上，而是要比重心的地方高出一些。所以可以看到如此懸掛的物體在傾斜的時候，重心就會離開垂直線，如圖5-6右面圖所示。

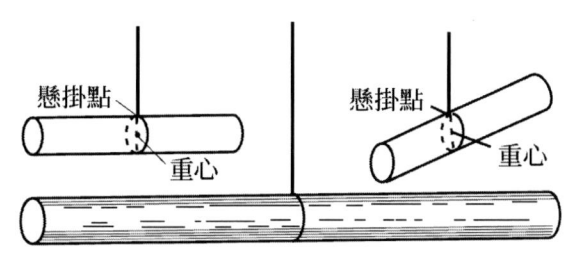

圖5-6 在中央用繩子吊起來的棒會保持水平位置

當靜止的時候，鐵棒就會停在水平狀態，這個常見的情況卻妨礙了很多人判斷的結論，使他們覺得鐵棒在傾斜狀態上平衡是不可能實現的。

5.8 木棒的移動規律

圖5-7表現的是一根木棒的移動情況，在兩個分齊的食指間放上一根木棒，慢慢讓兩根手指靠攏，你會發現即使兩根手指併到一起，木棒仍然能保持平衡不掉落。而即使你多

第五章　生活中的力學

次改變手指開始的位置，木棒仍然能穩固在那裡。如果把木棒換成尺、手杖等任何能放置的東西，結果都將一樣。

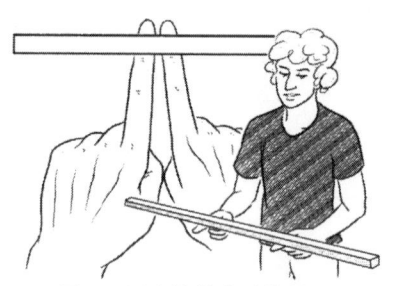

圖 5-7 用木棒做實驗的情況

不過要想達到那個效果，有一點一定要切記，就是兩根手指一定要放置在木棒的重心下面，只有這樣，才能讓木棒保持平衡。

當兩根手指分開時，離木棒重心越近，手指感到的壓力就會越大，相應的摩擦力也就會越大，移動起來就會很困難，因此只有靠那個離木棒重心遠的手指來活動。而當這個最初離重心較遠的手指慢慢靠近後，它會變得離重心較近，因此換成另一根手指移動，這樣周而復始的滑動，直至兩根手指並在一起，而這時兩根手指的合併處一定在木棒的重心下面。

我們再看圖 5-8，是用擦地板的刷子做的同樣的實驗。這次實驗我們可以更精確地計算，如果我們在兩根手指合攏處把刷子切成兩段，那麼你們認為哪一段的質量會更大一些

5.8 木棒的移動規律

呢?是帶柄那一段,還是帶刷子那一段呢?也許很多人認為一定是相同質量,因為兩邊平衡了,可是事實上是帶刷子的那一段質量更大一些。理由很簡單,當刷子在手指上保持平衡時,刷子兩端重力承受的力臂是長短不等的,而若在天平上平衡,那麼力臂就變成等長的了。

圖5-8 用兩端不一樣重的擦地板的刷子做實驗的情況

小問題:如圖5-9桿秤中a的作用是什麼?

桿秤是古代常用的稱重工具。圖5-9為桿秤的簡化模型。

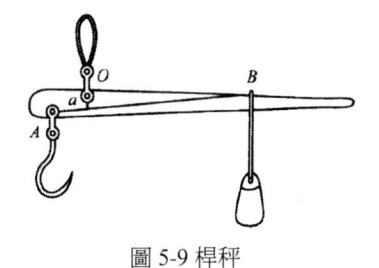

圖5-9 桿秤

仔細觀察桿秤可以發現,懸掛物體的秤鉤支點A稍低於提繩的支點O,秤砣在秤桿上沿秤桿移動,以秤桿的上緣B

第五章 生活中的力學

為支點。連線 A 和 B 並不通過 O 點,而是向下偏離微小距離 a。由於秤桿向端部變細,物體越重,秤砣離提繩越遠,偏離距離 a 就越明顯。雖然這個公釐量級的微小距離 a 不大容易被注意到,但實踐證明,a 是桿秤正常工作必不可少的重要因素。試問這是為什麼呢?

5.9 鉛筆的奇怪行動

將一根鉛筆放置在水平伸直的兩手食指上,讓鉛筆保持水平狀態的同時不斷靠近兩根食指(圖 5-10)。這時出現了奇怪的現象:鉛筆在這根食指上滑動一會後,又在另外一根食指上繼續滑動。如果是一根很長的木棒就會重複這種情景。

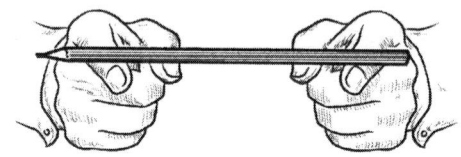

圖 5-10 當兩根手指移近時鉛筆交替地向左右兩個方向移動

解答鉛筆奇怪的運動需要兩個定律——阿蒙頓-庫侖定律和庫侖摩擦定律。摩擦力與作用在摩擦面上的正壓力成正比,跟外表的接觸面積無關。寫成數學式是:T=fN(T 代表摩擦力,f 表示相互摩擦物體特徵的數值,N 表示物體加在支點上的壓力)。鉛筆給兩根手指的壓力不一樣,受壓力大些的

手指會比另一根手指的摩擦力大。這就阻礙了鉛筆在壓力較大的手指上滑動。鉛筆隨著兩根手指的移動，重心不斷靠近摩擦力小的手指。鉛筆滑動時，兩根手指所受壓力程度也不斷變化。因為摩擦力在靜止時候要比滑動時候大些，手指會繼續滑動一段時間。當鉛筆滑動到一定程度時，受壓力較大的就換成了另一根手指，鉛筆開始向原來受較大壓力的手指滑動。壓力在兩根手指上不斷變換，這種現象也就能重複下去。

5.10　木棒會停止在什麼狀態？

現在來做個小實驗，如圖 5-11 所示。在木棒的兩端掛著質量相同的球，並且在木棒正中央處開一個小洞，然後插入一根軸。如果你讓木棒以軸為中心旋轉，你會看到木棒轉動幾次後就會停止下來了。現在要問，當木棒停止轉動時，會變成哪一種狀態呢？讀者們能告訴我嗎？

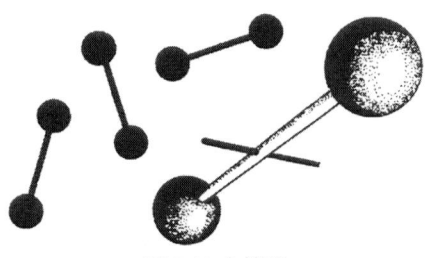

圖 5-11 木棒球

第五章　生活中的力學

　　或許有人認為，木棒常會保持水平的狀態而停止旋轉。如果你有這種觀念，這就大錯特錯了。根據二力平衡，這個木棒在重心點處有支撐。無論木棒採取哪一種狀態——水平、直立或傾斜，木棒都能保持平衡。

　　由於重心點被支撐著，所以無論是在兩端懸掛相同的物體，還是採取其他狀態，它隨時都能保持平衡。因此，木棒停止旋轉時會處於什麼狀態，任何人都無法預測。

知識加油站：
二力平衡公理與牛頓第三運動定律的異同

　　二力平衡公理是，二力大小相等，方向相反，共線，且作用在同一物體上；牛頓第三運動定律是，二力大小相等，方向相反，共線，且作用在不同的兩個物體上。即二者的相同點是二力大小相等，方向相反，共線；不同點是作用對象不同。二力平衡的力作用在同一物體上，牛頓第三運動定律則作用在不同的兩個物體上。

5.11　比哥倫布做得更好

　　「哥倫布是個偉人，他不但發現美洲大陸，而且能使雞蛋豎立」，這是一個中學生的作文。對年少的中學生而言，這兩

5.11 比哥倫布做得更好

件事確實令他們驚嘆。但是，美國的幽默大師馬克‧吐溫（西元 1835 ～ 1910 年）卻認為，哥倫布發現新大陸一事，根本沒什麼值得大驚小怪的。「如果哥倫布沒有發現新大陸，反倒令人驚駭」這便是馬克‧吐溫的論調。

在我個人看來，這位偉大的航海家使雞蛋豎立，才更不值得詫異。哥倫布究竟是如何使雞蛋豎立的呢？他不過是打破雞蛋尖的一端的蛋殼，而讓雞蛋站在桌子上。換言之，他改變了雞蛋的外形，才促成雞蛋豎立在桌子上。如果不改變雞蛋的外形，能不能使雞蛋豎立呢？事實上，這位勇敢的航海家並沒有解決這個問題。

美洲大陸並不是眼睛難以看見的小海島，所以我認為發現新大陸很簡單。現在，我還是來說明使雞蛋豎立的三種方法——第一種是用水煮蛋，第二種是利用生雞蛋，第三種則採取其他方法。

要讓水煮蛋豎立，只需用手指或手掌，使熟雞蛋像陀螺一般旋轉就可以了。熟雞蛋會以直立的狀態開始轉動，只要熟雞蛋保持旋轉，則必定也維持著直立的狀態。

至於生雞蛋，就無法用這種方法了。由於生雞蛋無法直立旋轉，我們可以利用這種性質，不必打破蛋殼，而來辨識出生雞蛋和熟雞蛋。因為生雞蛋的內容物還是液體，所以非但不會助長雞蛋迅速旋轉，反而有抑制旋轉的作用。倘若想

第五章　生活中的力學

使生雞蛋直立，你就得動點腦筋了。

首先，將生雞蛋猛烈搖動幾次。這樣一來，蛋黃就會散溢到蛋清部分。接著，你把雞蛋較圓的一端向下，放在桌子上，用手輕輕扶住。由於蛋黃比蛋清重，蛋黃會移向下面，而且集中在下面，造成雞蛋的重心降低。因此，生雞蛋的穩定性會增加。只要你慢慢地把手放開，生雞蛋就可以豎立了。

溫馨提示：倘若不是新鮮的雞蛋，而是陳舊的雞蛋，這種陳舊的雞蛋中的蛋清，就會變成稀薄的液體。碰到這種雞蛋，不必搖動破壞蛋黃，蛋黃也會往下跑，造成重心降低，而使雞蛋保持豎立。

其次，要說明讓雞蛋豎立的第三種方法。例如將雞蛋放在沒有瓶塞的瓶口，再準備軟木塞和兩支刀叉。把刀叉分別插在軟木塞的兩側，然後放在雞蛋頂端，便可造成相當高的穩定性。只要小心操作，即使瓶子稍有傾斜，也能維持平衡（圖 5-12）。但為什麼軟木塞和雞蛋都不會掉下來呢？

請看圖 5-13，把小刀插在鉛筆上。鉛筆就能在我們的指頭上垂直豎立，而不會掉下來。理由和雞蛋、軟木塞不會掉落相同。「由於此種構造的重心在支點下方的關係」，老師們可能會這麼解釋。也就是說，某一構造的整體重力的作用點，會比支撐這構造的點（支點）更低。

圖 5-12 刀叉分別插在
軟木塞的兩側放在雞蛋頂端　　圖 5-13 小刀插在鉛筆上

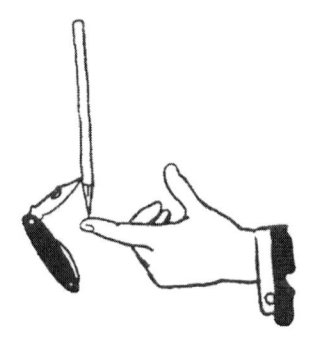

5.12　奇特的破壞

　　舞臺上的魔術師，往往是利用很簡單的技巧來表演魔術，但卻讓觀眾們覺得奧妙無比。我舉一個實際的例子。

　　有兩個紙環，分別掛在細長木棒的兩端。如果把紙環向上移動，木棒也會跟著上來。其中有一個紙環掛在小刀的刀口，另一個紙環則掛在容易折斷的菸斗上（圖 5-14）。準備妥當之後，魔術師拿起另一支木棒，用力打擊用紙環懸吊著的那支細木棒。結果如何？細木棒會斷嗎？答案是肯定的，木棒斷掉了，但掛在刀口和菸斗上的紙環卻沒斷。

圖 5-14 魔術表演

第五章　生活中的力學

這種機關很簡單,沒什麼奧祕可言。打擊得越快,你用的時間越短。紙環和被打擊的細木棒兩端,就越不容易受到影響。只有直接承受打擊的部分,才會受不了打擊而變形斷裂。因此,這把戲的訣竅是迅速打擊,也就是瞬間性的打擊。如果打擊緩慢而無力,細木棒就不會折斷,而紙環卻會斷掉。

我這樣說明,並不是希望讀者們去做魔術師,只是希望大家能對這種實驗做有耐性的研究。

魔術師中的高手,也能使用兩個玻璃杯來支撐一支木棒,而做出使木棒斷裂的魔術——當然,玻璃杯不會破。

在高度低的桌子邊緣或椅子的座位邊緣,以較長的間隔,放上兩支鉛筆,鉛筆的一部分露出桌外,並在露出的鉛筆部分放一支細長的木棒。用另一支木棒,朝木棒的中央部分做強而迅速的打擊。強而迅速的打擊會造成木棒斷裂,但鉛筆卻沒受影響,連動都不動一下(圖 5-15)。

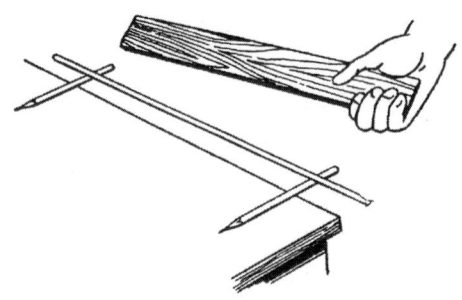

圖 5-15 奇特的木棒斷裂表演

這時，你就會了解，為什麼握力強而施加壓力緩慢時，胡桃果實無法被壓碎。但用榔頭猛擊一下胡桃果實，胡桃反而會被打碎。原因是猛烈的一擊，使打擊力在尚未分散到果實內部的果肉前，我們有彈性的手就戰勝了胡桃的抗拒，而將果實當作堅硬的物體來作用。

同樣的道理，槍中射出的子彈，會在窗戶的玻璃上造成一個小洞。但用手丟出去的小石子，反而會使整個玻璃都破掉。此外，還有類似這種現象的例子。你用木棒打擊草木的莖，也能使莖斷掉。如果你揮動木棒很緩慢，而且壓住草木的莖，縱使力量再大，莖也不可能折斷，頂多使莖折向另一個方向罷了。但是，倘若你用力而快速地打下去，花草的莖便會很快折斷。道理和前面的實驗相同，因為動作迅速，打擊力才不容易分散到莖的全體，而會集中在與木棒直接接觸的狹窄部分。因此，力量才會集中在一個地方，獲得預期的效果。

5.13　碰撞

兩個物體相撞，物理學家稱之為「碰撞」，碰撞往往在一刹那間發生。如果發生碰撞的物體有彈性，在碰撞的瞬間，就會產生各種現象。物理學家則把有彈性的碰撞分成三個時期。

第五章　生活中的力學

　　第一個時期,是指碰撞的雙方剛接觸時,彼此會互相壓縮對方。這種互相壓縮會造成衝突最大的第二個時期來臨。

　　第二個時期,由於受到壓縮,內部會產生抗拒。這種抗拒將妨礙更進一步的壓縮。換句話說,壓縮力會與抗拒力平衡。

　　第三個時期,就是雙方要恢復第一個時期的變形部分,而把對方推回去。也就是說,根據作用力與反作用力定律,撞擊了對方的物體,自己也會被對方撞擊。實際上,我們經常可以看見這種情形,當圓球撞擊同質量的另一個球時第一個球會停止,被撞擊的圓球則以第一個圓球的速度,繼續滾動。彼此接觸而成一直線的圓球,承受碰撞後所產生的現象十分有趣,讀者不妨詳加觀察。第一個球所遭受的撞擊,會接連著影響到相鄰的球。其實,每一個球都不想離開自己的位置,只有距離第一個被撞擊的球最遠的球,即最末端的球會離開原先的位置。因為當最後的一個球想把受到的撞擊力轉移給另一個球時,在它的旁邊卻已經沒有任何球。由於它不受到任何反作用力,因此,只有這一個球會滾出去。

　　這個實驗不必非使用圓球,也可以用圍棋棋子或硬幣來做。

　　把圍棋棋子排成一列(排成長長的一列也無妨),但每一個棋子必須緊密接觸。你用手指頭輕輕壓著最前面的棋子,

而用木棒打擊棋子的側面。你將看見，排在另一端，也就是最後的一個棋子會離開行列（圖 5-16）。但在同時，排在中間部分的棋子，卻不會移動分毫。

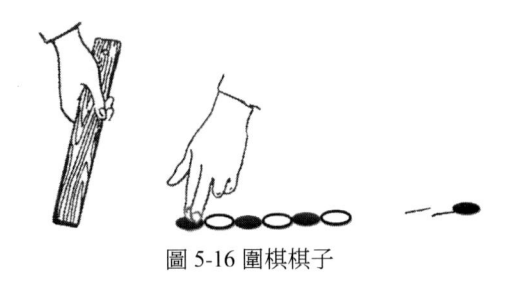

圖 5-16 圍棋棋子

5.14　香菸的實驗

現在再來做個小實驗，如圖 5-17 所示。在火柴盒上放一根香菸，點燃，你會看到兩端都會冒煙。從菸頭這一端冒出來的煙會往上跑，而從另一端冒出來的煙則會往下跑，這是為什麼呢？

圖 5-17 兩頭冒煙的香菸

第五章　生活中的力學

乍看之下，似乎很不可思議，其實道理很簡單。因為點火的這端附近的空氣一經加熱，便產生了上升氣流，於是菸頭冒出來的煙裡所包含的粒子就會被上升的氣流捲進去，所以煙便往上跑了。相反的，從管口這一端冒出來的煙，因為管口附近的空氣是冷的，再加上裡面的粒子比空氣重，所以，從這一端冒出來的煙自然就往下跑了。

5.15　蠟燭翹翹板

現在來做個小實驗，如圖 5-18 所示。一支兩頭都可點燃的蠟燭，中間穿針，支撐在兩個水杯上。蠟燭未點燃時，蠟燭處於水平平衡位置。點燃蠟燭之後，你會發現一種驚人的翹翹板現象。這是為什麼呢？

圖 5-18 蠟燭翹翹板

原來這是一種力偶效應。所謂力偶是指大小相等、方向相反，作用線有一定距離的兩個力。它的力學效應是使作用的物體發生轉動或轉動趨勢。當蠟燭未點燃時，蠟燭處於水平平衡位置。點燃之後，因蠟燭兩端的組成、燃燒條件有所不同，使其燃燒產生差異，燃燒旺的一端變輕往上運動，燃燒不旺的一端相對變重往下運動，當運動到一定位置時，往下運動的蠟燭利於燃燒而變輕，而往上運動的另一端不利於燃燒而變重，這時形成的力偶向相反方向轉動，即往下運動的蠟燭變成向上運動，往上運動的另一端變成往下運動，這樣蠟燭的燃燒條件又發生變化，這種周而復始的運動，就是翹翹板的來回往復現象。

5.16　人在冰上爬行

　　河流或湖泊上結了一層薄冰，有一個人想橫越過去，但又怕冰層太薄很危險。有經驗的人就知道，千萬不可在薄冰上走動，應該趴在薄冰上，匍匐前進才安全，為什麼呢？

　　當一個人趴下時，體重固然沒什麼變化，但支撐體重的面積卻增加了。相比之下，每平方公分的負荷量就會減少。換言之，也就是支撐體重的地方，所承受的壓強會減少。這樣說明，對於必須在薄冰上匍匐前進才安全的理由，讀者們

必定已經明白。簡單地說，就是對薄冰減少壓強。有時，甚至將大木板放在薄冰上面爬行，以求安全橫渡河流。

在冰破裂之前，能支撐多少質量呢？當然，能支撐多少的質量，必須看結冰的厚度。一般厚度有 4cm，便可支撐住步行者的體重。如果想在結冰的湖面或河面溜冰時，冰的厚度應該是多少呢？一般而言，厚度只需 10～12cm 就可以了。

5.17　兩把鐵耙

重力和壓強經常被混淆。其實，兩者並不盡相同，有些物體固然很重，但對支撐的地方卻只有一點點的壓強而已。相反的，有些物體重力並不大，但對支撐的地方，卻會產生極大的壓強作用。

我還是舉出實際的例子說明，好讓讀者明白重力和壓強的差異。屆時你就會明白，應該如何計算，才會獲得物體所承受的壓強大小，以及它的重要性。

假定你身在農場，使用兩個構造相同的鐵耙為農耕工具。一把鐵耙有 20 個耙齒，另一把鐵耙則有 60 個耙齒，有 20 個耙齒的鐵耙所受重力 6,00N，有 60 個耙齒的鐵耙所受重力 1,200N。

哪一把鐵耙對土壤能夠耕得更深呢？

這個問題很簡單，只要耙齒所產生的力量越大，當然耕種得也就越深。其中第一把鐵耙所受重力 600N，全部的重力分散在 20 個耙齒上，所以每一個耙齒承受的重力為 30N（600÷20=30）。以同樣的方式計算，第二把鐵耙每一個耙齒所承受的重力則僅有 20N。

雖然，第二把鐵耙所受重力比第一把鐵耙大，但是第二把鐵耙的耙齒所耕種的土壤深度卻比第一把鐵耙淺。因為就對每個耙齒產生的壓強而言，第一把鐵耙比第二把鐵耙更大。

5.18　醬菜

所謂壓強就是單位面積上的壓力，常用單位為 N/cm2。在日常生活中應用很廣。我們再來看另一個簡單的壓強計算。

在兩個缸中裝入醬菜，上面加放圓板，而在圓板上用很重的石頭壓著。一個缸的圓板直徑為 24cm，石頭重力 100N。另一個缸的圓板直徑則為 32cm，石頭重力則為 160N。

第五章　生活中的力學

讀者們猜一猜，哪一個缸中醬菜所承受的壓強比較大呢？

先看每平方公分面積的壓力，如果壓力較大，荷重也就較大。第一個缸 100N 的荷重，分散在 452cm² 的面積上。也就是說，每平方公分所承受的壓力約有 0.22N，至於第二個缸每平方公分的壓力還不到 0.2N。顯然第一個缸壓強大。

5.19 為什麼睡在柔軟的床上覺得舒服？

同樣是小木凳，但是比起粗糙的木凳來說，木製光滑的椅子要舒服得多。因為普通小木凳的面是平的，人們的身體只有很小的一部分與之接觸，而木製的椅子椅面是凹形的，人坐上去的時候軀幹的質量分散在較大的接觸面上，由於壓力分布得均勻，所以人們覺得舒服。

如果用數據來描述這個差別會更加形象，一個成年人的身體表面積大約為 2m²，也就是 20,000cm²。當我們躺在床上時，身體與床接觸的面積大約是身體總表面積的 1/4，也就是大約 0.5m2。對於一個中等身材的人來說，假設他的體重為 60kg，那麼每平方公分的接觸面上約有 0.12N 的壓力。而當我們躺在平面的板子上，身體與平面的接觸面積大約為

500cm^2，每平方公分承受的壓力是躺在柔軟的床上的 10 倍，差別立刻就能被人體覺察。

所以其實人感覺到舒服的關鍵不一定是要足夠柔軟，而是在於均勻分配壓力，讓身體和接觸面充分接觸。一旦壓力分攤到很大的面積上，就算是睡在再硬的地方也不會覺得難受。請想像一下，假如你躺在很軟的泥地上，你的身體很快就陷入泥裡，當你起身時地面上已經有一個和你身材完全符合的凹陷。然後將泥地變幹，但是仍然保留你身體的凹陷。直到泥地變得像石頭一樣硬的模子時，你躺進去也會覺得十分舒服，好像躺在柔軟的地上一樣。

在羅蒙諾索夫的詩中有這樣一段描述：「仰躺在稜角尖銳的石頭上，對硬邦邦的稜角渾然不覺，具有神力的大海獸覺得，身下不過是柔軟的稀泥。此時的你就如同傳說中的大海獸一樣，舒舒服服地躺在硬邦邦的石頭上。」

5.20 玩皮球中的學問

玩皮球是一個老少皆宜的體育運動，朋友你想沒想到，玩皮球還有很深的學問呢！這是因為實際上那種極端的「完全彈性」或者「完全非彈性」的物體是很少見的，更多的情況

是物體處於兩者之間的第三種情況,即「非完全彈性」。以皮球為例(圖 5-19),你知道在力學上,它到底是完全彈性的,抑或是完全非彈性的呢?

圖 5-19 玩皮球

其實檢驗的方法非常簡單:我們只需在一定的高度讓皮球落到堅硬的地面上,如果反彈後能到達原來的高度,那麼皮球是完全彈性的;如果它根本無法反彈,則皮球是完全非彈性的。很明顯,一顆經過反彈卻無法到達原來高度的皮球,就是我們所說的「非完全彈性」了。下面我們來看一下它碰撞過程的情況。皮球落到地面的瞬間,它與地面接觸的部分會發生形變(被壓扁),而形變產生的壓力使皮球減速。在這之前,皮球與非彈性物體碰撞過程都並無二異。這意味著,此時它的速度為 u,而減小的速度為 v1-u。然而皮球不同於非彈性物體在於,這時被壓扁的地方會重新凸起,受到地面對它的作用力,因此球再次減速。假如皮球可以完全恢復形狀(即完全彈性的),它減小的速度大小應該與被壓扁時

5.20 玩皮球中的學問

一樣,為 v1-u。所以,對於一個完全彈性的皮球而言,它減小的總速度應該為 2(v1-u),因此

$$v1-2(v1-u)=2u-v1$$

但我們這裡討論的皮球並不是完全彈性的,因此在被壓扁以後它並不能完全恢復原來的形狀。也就是說,使它恢復形狀的作用力應該會小於當初使它發生形變的作用力,因此恢復階段所減小的速度也會小於形變階段減小的速度。即減小的速度要小於 v1-u,假設這個值為係數 e(又叫「恢復係數」)。所以不完全彈性物體在碰撞的時候,前一階段減小的速度為 v1-u,後一階段減小的速度為 e(v1-u)。所以整個過程中一共減小的速度為 (1+e)(v1-u),在碰撞之後速度只剩下 u1,即

$$u1=v1-(1+e)(v1-u)=(1+e)u-ev1$$

下面我們來求一下「恢復係數」,因為根據作用力與反作用力定律,地面在皮球的作用下也會以速度 u2 後退,即

$$u2=(1+e)u-ev2$$

兩個速度之差 (u1-u2) 等於 e(v1-v2),所以「恢復係數」可以根據下面的式子求出

$$e = \frac{u_1 - u_2}{v_1 - v_2}$$

第五章　生活中的力學

而固定不動的地面則沒有後退,即

$$u_2 = (1+e)u - ev_2 = 0,v_2 = 0$$

所以,

$$e = \frac{u_1}{v_1}$$

其實 u1 為皮球反彈後的速度,應為 $\sqrt{2gh}$,式中 h 為皮球的反彈高度;

在 v1 = $\sqrt{2gH}$ 中 H 為球落下的高度,因此,

$$e = \sqrt{\frac{2gh}{2gH}} = \sqrt{\frac{h}{H}}$$

可見,透過這個方法我們就可以找到皮球的「恢復係數」,其實這個係數也可以用來表示皮球「非完全彈性」的非完全係數:皮球落下和反彈高度之比的開方即為所求。一個普通的網球在 250cm 的高度落下,反彈高度約為 127～152cm。由此我們可以算出網球的恢復係數在 $\sqrt{\frac{127}{250}}$ 到 $\sqrt{\frac{152}{250}}$ 之間,即 0.71 到 0.78 之間。

我們不妨取其平均數 0.75,即「75%彈性」的球為例來做幾個計算題目:

一、讓球在高度 H 處落下,請問它的第二、第三以及後面各次的反彈高度為多少?

5.20 玩皮球中的學問

第一次反彈高度可以透過下面這個式子得到

$$e=$$

把 e=0.75，H=250cm 代入為

$$0.75=$$

解得到 h ≈ 140cm。

所以第二次反彈可以看作是從 h=140cm 高落下的反彈高度，假設為 h1，則

$$0.75=$$

又得到 h1 ≈ 79cm。

同理第三次反彈的高度 h2 滿足下式

$$0.75=$$

得到 h2 ≈ 44cm。

如此類推……

如果這個球從艾菲爾鐵塔上落下（H=300m），忽略空氣阻力，則第一次反彈高度為 168m，第二次為 94m……（圖 5-20）。由於實際速度很大，所以空氣阻力也比較大，因此不能忽略。

143

第五章　生活中的力學

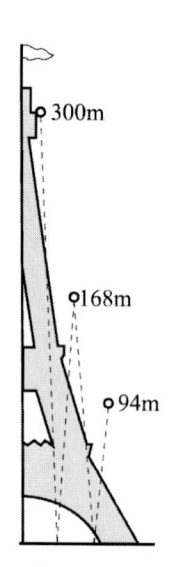

圖 5-20 從艾菲爾鐵塔上落下來的球能跳多高

二、球從高度 H 落下後的反彈持續時間是多少？

已知

$$H = \frac{gT^2}{2} \quad h = \frac{gt^2}{2} \quad h_1 = \frac{gt_1^2}{2}$$

故

$$T = \sqrt{\frac{2H}{g}} \quad t = \sqrt{\frac{2h}{g}} \quad t_1 = \sqrt{\frac{2h_1}{g}}$$

所以每次反彈的總時間為

$$T + 2t + 2t_1 + \cdots\cdots$$

即

$$\sqrt{\frac{2H}{g}} + 2\sqrt{\frac{2h}{g}} + 2\sqrt{\frac{2h_1}{g}} + \cdots\cdots$$

整理上式得到：

$$\sqrt{\frac{2H}{g}}\left(\frac{2}{1-e} - 1\right)$$

把 H=2.5m，g=9.8m/s2，e=0.75 代入，求出反彈的總共持續時間為 5s，也即球會在 5s 內繼續跳動。

同樣，如果這個球是從艾菲爾鐵塔上落下的，忽略空氣阻力，求得反彈時間將會持續達到 54s，接近 1min。

當球從較低的高度落下時，由於速度較小，所以能忽略空氣阻力。科學家就曾做過實驗檢測空氣阻力的影響，他們讓恢復係數為 0.76 的皮球從 250cm 高處落下，忽略空氣阻力的理論反彈高度應為 84cm，而實際上為 83cm，僅相差 1cm。可見，在這種情況下，空氣阻力影響確實並不大。

5.21　為什麼開水會使玻璃杯破裂？

將開水倒進玻璃杯中時，有經驗的人會先在杯中放一個金屬湯匙。這雖然是日常生活中的常識，但這種方法究竟是

第五章　生活中的力學

根據什麼原理呢？

我不妨先說明，為什麼開水會使玻璃杯破裂。

原因是玻璃的膨脹不均勻，所以會破裂。當開水進入杯子時，杯子的側壁無法一下子全被加熱。首先，側壁內側會被加熱，但外側仍停留在冷卻的狀態。因此，內側部分迅速膨脹，而外側部分卻維持原狀。所以外側會受到內側的強壓，將玻璃杯擠破。

某些人以為較厚的杯子就不容易破裂，其實這是錯誤的觀念。因為，倒進開水時，厚杯子更容易破，薄杯子反而較難破裂。原因是薄杯子的外側可以立刻被加熱，而促使內外溫度相等，因此膨脹也會均勻。但是，厚杯子的外側不可能立即被加熱，所以內外的溫差就大了。

然而，薄杯子僅僅側壁薄還不夠，杯底也必須要薄。因為，在倒進開水時，首先被加熱的是杯底。如果杯底很厚，即使側壁很薄也沒用，杯子依舊會破。此外杯底附帶著厚臺的玻璃杯，也比較容易破裂。

玻璃容器越薄，承受開水就越不易破裂。例如非常薄的燒杯，在杯中放水，直接用瓦斯爐來加熱，也不會破裂。

如果加熱時能完全不膨脹，才是最理想的容器。目前，在各種玻璃中熱膨脹係數最小的是石英，其膨脹只是普通玻璃的 1/15，甚至 1/20。因此，透明的石英制容器，無論你如

5.21 為什麼開水會使玻璃杯破裂？

何加熱，它都不會破裂。就算把加熱成赤色的石英制容器，立刻丟入冰水中，它也不會破裂。而石英的熱導率比普通玻璃大很多，這也是一個主要原因。

現在，熱膨脹係數小而能承受溫度劇烈變化的無水硼酸和二氧化矽合成的高硼矽玻璃，或者石英玻璃製成的耐熱容器、杯子和鍋，都已經為人類所使用。

玻璃杯不但在突然加熱時不耐用，就是在突然冷卻時，也很容易破裂，理由為收縮不均勻。換言之，在冷卻時，外側已開始收縮，內側卻尚未收縮。因此，外側壓迫內側，從而導致破裂。所以，在把熱果醬放入瓶中後，務必要避免將瓶子放進水中冷卻。

說到這裡，我再來分析杯中放進湯匙的作用。

在加熱時，杯子內側和外側的差異很大，這種情形發生在一下子就把開水注入杯中的時候。如果注入的是冷水，就不會產生太大的差異，也就是說，杯子各部分的膨脹沒多大差異，杯子就不可能破裂。而在杯中放進金屬湯匙，究竟有什麼作用呢？金屬是熱的良導體，將開水倒入熱導率低的玻璃杯時，金屬湯匙會吸收一部分熱。湯匙能使開水的溫度降低，使水變成溫水，在這種情況下，杯子當然不會破裂。接著，我們繼續倒入開水，就不會有太大的危險，因為玻璃杯的溫度只會升高一點點而已。

第五章　生活中的力學

簡言之，將金屬湯匙（尤其是大湯匙）放進杯中時，杯子就會均勻地被加熱，這樣一來，就能避免玻璃杯破裂。

銀匙為什麼效果更好呢？因為銀是熱的良好導體，銀匙吸收熱水中的熱量，比黃銅匙快多了。如果把銀匙放進裝開水的杯中，手指卻忘記放開，則手指恐怕會被燙傷。由此可知，銀的熱傳導很快，相信大家都有過類似的經驗。也可由湯匙燙手的程度，來判斷湯匙的材料是什麼。幾乎燙傷手指的是銀匙，否則便是黃銅湯匙。

由於玻璃杯側壁的膨脹不均勻，才導致玻璃杯破裂。然而這種狀況未必僅僅發生在玻璃杯，測定鍋爐水位的水位計，也會發生相同的情形。水位計是一種玻璃管，它的內側比外側更容易受水蒸氣或熱水加熱所影響而膨脹。由於管內的蒸氣和熱水的壓力大，玻璃管很快就被破壞。應該如何防止呢？一般水位計的內側和外側，是用不同的玻璃製造而成，就內側玻璃的質地而言，它的熱膨脹係數比外側玻璃的熱膨脹係數小。

知識加油站：
泡過熱水澡為什麼穿不進長筒靴？

「冬天晝短夜長，夏天則恰巧相反，為什麼？因為在冬天，一切物體都因寒冷而縮小，白晝也因寒冷而縮短。夜晚則因為有燈火，有蠟燭，比較溫暖，所以夜晚變長。」

5.21 為什麼開水會使玻璃杯破裂？

俄國作家契訶夫在其短篇小說中，就有這種荒誕的想法，令人看了忍俊不禁。雖然我們覺得這想法十分可笑，但往往有人抱持與之類似的觀念。在古代，便有俄國人認為，剛泡過熱水澡，腳會膨脹，所以穿不進長筒靴，當然，這觀念有矯正的必要。

當我們泡在浴缸裡時，體溫不會升高太多，通常在 1℃ 以下，如果洗蒸氣浴，頂多也不會超過 2℃。人體不容易受周圍的溫度影響，能保持一定的體溫，所以這就是人和其他哺乳動物被稱為「恆溫動物」的理由。

縱使我們的體溫增加 1℃ 或 2℃，但身體體積的膨脹程度卻很小，連自己也不會感覺到，穿長筒靴當然毫無問題。人體柔軟部分和堅硬部分的膨脹率，都在幾千分之一以下。因此，腳板底面的寬度或小腿的粗度，最多只會增加 0.01cm。這種 0.01cm 的增加，會影響穿長筒靴嗎？除非俄國的長筒靴都太合腳了，嚴密得連一根毛都無法容納。

我們在浴缸裡泡過熱水澡，腳之所以穿不進長筒靴，跟腳的熱膨脹完全無關。真正的原因是我們的腳充血，腳的表皮會因吸收水分而鼓起，使得表皮擴張，所以無法穿進長筒靴。

第五章　生活中的力學

5.22　防彈玻璃是怎麼防彈的？

防彈玻璃是一種十分神奇的玻璃，普通的玻璃一敲就碎，而防彈玻璃卻可以抵擋急速飛來的子彈。這是為什麼呢？

要想知道一個東西為什麼和其他東西如此不同，最徹底的方法就是了解它的結構。而讓我們驚嘆不已的防彈玻璃，嚴格來說它並非是完全意義上的玻璃。防彈玻璃實際上是一種由玻璃與優質塑膠相結合的複合材料。而且，防彈玻璃並非是塑膠與玻璃的簡單結合，其經過了特殊的加工。我們都知道，普通玻璃的韌性是極低的，我們只需要用一塊不大的石頭就可以將一扇普通的玻璃窗砸碎。但是，玻璃的硬度卻是驚人的，甚至是其他的金屬都望塵莫及的。即使是普通的玻璃，想要將其切割開來，都必須用到金剛石。

和玻璃不同，塑膠具有極強的韌性，質地柔軟，但是強度極低。那麼，能不能將玻璃與塑膠相融合，從而取長補短呢？這樣的想法在 20 世紀被一些具有創新意識的人想到了。他們不僅想到了，還將想法付諸實踐。在 20 世紀初的英國，一家玻璃製造公司製造了一種夾層玻璃。這種新型的玻璃在外觀上和普通的玻璃別無二致，但是它的抗震性以及耐衝擊性遠遠高出了普通玻璃。這就是世界上第一塊防彈玻璃與第

一家安全玻璃公司誕生的故事。

由於夾層玻璃所體現出來的優越性，它啟發了更多的人在防彈玻璃的製造上不斷取得質的進步。人們在此之後，想到了將鋼化玻璃與優質塑膠相結合，製造真正能夠防彈的玻璃。鋼化玻璃在化學成分上與普通的玻璃類似，不同的是，鋼化玻璃經過了特殊的淬火處理，具備了更高的抗震性與耐衝擊性。

5.23　飛針穿玻璃的神奇現象

在小說中，武俠神功常常被形容為獨門絕技，既功力蓋世又神祕莫測，這畢竟是虛構的。然而，在現實生活中的確存在有令人叫絕的武俠神功。綜藝節目上，播出了一位高手「飛針穿玻璃」的特技。只見這位高手將手中的縫衣針用力一甩，這枚針竟然把玻璃打穿了一個小洞，穿過玻璃而去，令人驚呼不已。

據說「飛針神功」屬於少林 72 絕技之一。現在，已有許多「俠客」練成了「飛針絕技」，進行公開表演，能夠站在 3m 以外，飛針穿透 3～8mm 厚的玻璃，這些人確實有真功夫。普通玻璃的密度約為 $2.5 \times 10^3 kg/m^3$，是普通木板的 5 倍。用

第五章　生活中的力學

飛針穿透木板已經很不容易了，小小縫衣針質量不足半克，如何能夠穿透如此密實的玻璃呢？讓我們來探索這其中的力學奧祕吧。

1. 問題與思考題

（1）試分析飛出的縫衣針能夠穿透玻璃的必要因素，為什麼需要苦練多年才能獲得成功？

（2）從材料和結構方面來看，有助於飛針穿透玻璃的途徑是什麼？

2. 參考分析

(1) 要素歸納與技巧分析

我們可從生活中的類似現象中，歸納出縫衣針能夠穿透玻璃的主要因素與規律。使用大頭針裝訂時，因穿透幾頁紙所需的力極小。大頭針可以做得細長，釘帽可略大一點，用兩根手指捏住大頭針，推進。使用圖釘時，需用拇指用力按壓。圖釘的釘身短，直徑略粗，釘帽面積大，便於施加更大的力並控制釘身的位移方向。穿透軟的物體時，釘子的運動可直接用手控制，只需足夠的穿透力。

修鞋師傅在釘鞋掌時，用一隻手捏住鐵釘，用手錘敲擊

5.23 飛針穿玻璃的神奇現象

釘帽。釘子穿透皮革時的阻力更大,必須藉用動態的錘擊力。在家庭裝修中,懸空的吊頂結構上用普通的手錘難以釘進釘子。這是因為錘擊的速度有限,其動能大部分轉化為頂棚結構的彈性勢能而被吸收掉了。往磚牆上釘釘子,需用鋼釘,普通鐵釘承載力差,釘不進去。

對於特殊的硬木,密度大而脆,很難釘入鐵釘。一般的細釘容易彎折,而粗釘卻容易使木頭劈裂。這種情況下,使用氣釘槍,高速發射氣釘。這種氣釘適用於室內吊頂裝修,高效、省力。對於密度大的材料,如鋼材,氣釘槍無能為力,可以用射釘槍,射釘就是一顆子彈,釘身就是彈頭,靠火藥爆炸的能量使鋼釘高速射入鋼板。

在材料力學分析中,把釘子擴展為衝擊物,木板擴展為被衝擊物。歸納上述實踐經驗,可獲得衝擊物易於穿透被衝擊物的幾點要素是:衝擊物與被衝擊物的密度之比應盡量大;衝擊物要有足夠的動能,即較大質量和高速度,尤其是高速度;衝擊物細長,其軸線保持與運動軌跡重合;衝擊物具有承受衝擊力所需的強度和穩定性。

徒手用飛針穿透玻璃的難度在於,必須同時實現對針體速度和飛行姿態的控制。首先需要保證針丟擲時具有足夠的初速度,否則針會被反彈回來或被嵌入玻璃中。為此需要高速甩動手臂,手腕有一定技巧和力度,操作難度大;其次,

針很短，其運動穩定性差，丟擲時的運動姿態不容易控制；第三，玻璃越厚，針所需的動能就越大；第四，由於空氣阻力的作用，針會有速度損失，表演者站立的距離越遠，穿透玻璃的難度就越大。綜上所述，練就飛針神功所需的臂力和技巧，需要持續多年的探索苦練，循序漸進地增加功力，才能成就「神功」，這是常人難以達到的。

(2) 針體材料與結構方面的因素分析

為了保證飛針穿透玻璃，基本條件是提高針的動能。動能與針的質量和針的速度的平方成正比，除了速度條件外，還需提高針的質量。

首先，應當盡量提高材料的密度。目前做縫衣針的鋼材密度相差無幾，如果是特製鋼針，可以透過鍛造和表面處理提高鋼針材料的密度、硬度和表面光潔度，有利於減小飛行阻力，減小速度損失。如有可能，可選用比普通鋼材密度更高的金屬材料。從飛針的運動穩定性考慮，應當使其質心盡量靠前，這可以透過採用針體的變截面方案來實現。

其次，可以採用增加針的長度的方案加大針的質量。相對於直徑為 d 的鋼球的衝擊動能，在同樣的材料密度和衝擊速度條件下一根直徑為 d，長度為 nd 的長針的衝擊動能提高了 n 倍多，而穿透時的截面相同。顯然，針越長，衝擊力增加的效果越顯著。一般鋼針的長度可達其直徑的幾十倍，則

5.23 飛針穿玻璃的神奇現象

其「等效小鋼球」的密度將達到玻璃密度的近百倍。以強大動能高速衝擊，再加上針尖的尖劈作用，穿透玻璃就會變得輕而易舉了。但是這裡存在一個限度，如果針的長徑比過大，衝擊玻璃時有發生失穩破壞的可能。因此鋼針應當具有適當的長徑比。

最後，考慮玻璃的力學效能。與靜載作用不同，當承受高速衝擊時還存在一個應變率效應問題。通常載入特徵時間在 1s 以下時為準靜態，可不考慮慣性的影響，但在衝擊載入條件下必須考慮慣性效應。當特徵時間縮短至萬分之一秒，或應變率達到 $10^4 s^{-1}$ 時，屬於高速衝擊。投擲飛針的速度有限，只能達到中高速衝擊的水平。由於慣性作用，玻璃只在針接觸點附近的局部區域感受到應力和變形，飛針的速度越高，局部變形區域就越小，消耗在產生分布裂紋及其擴展上的能量就越少，飛針的成功率就越高。如果在普通玻璃中嵌入特製的低密度「玻璃」，表演時只涉及這一局部區域，就會大幅度地降低表演的難度。這是魔術和電影拍攝中常用的手法。

總之，飛針穿透玻璃與釘子釘透木板的力學原理是一樣的。武俠神功的神奇之處首先在於多年練就的投擲功力和技巧，這是一個實踐的問題。在遠距離上用普通縫衣針穿透較厚的玻璃是只有極少數人才能夠達到的高境界。

第五章　生活中的力學

溫馨提示：利用動態負載原理，可從針體選材和幾何構形上採取多項措施降低飛針表演的難度，提高成功率。利用特殊道具也可使飛針表演變得輕而易舉。

5.24　物體放在哪裡最重？

地球對物體的引力，隨著離開地面的距離而減小。在地面上 6,400km 的高度，也就是從地心算起，距離地球半徑 2 倍的地方，引力就變成 2 的平方分之一，也就是 1/4；換言之，用彈簧秤來稱 10N 的砝碼，結果卻只剩下 2.5N。倘若地球的全部質量集中在地心，依照萬有引力定律可知，拉動物體的引力，和地心距離的平方成反比。以上述的例子來說明，從地心到物體的距離為地球半徑的 2 倍，引力就變成 2 的平方分之一，也就是 1/4。此外，高度為 12,800km，也就是地球半徑的 3 倍，引力則為 3 的平方分之一，即 1/9，這時，重力原本為 10N 的砝碼就只剩下 1.11N 了。

相反的，我們進入地球內部，照理說，越接近地心，引力就越大，也就是砝碼所受重力在地球深處應該比在地表大；事實上，這種推測並不正確。因為越深入地球內部，重力非但不會增大，反而會減小。理由何在？原因是一旦深入

5.24 物體放在哪裡最重？

地球內部，地球牽引物體的粒子，就不單是作用在物體的一側（底部），而是普遍存在於物體的周圍。讀者不妨看看圖 5-21。在地球深處的砝碼，一方面受到下方地球粒子的牽引，而往下拉，另一方面又受到砝碼上方粒子的拉力而往上拉。換言之，砝碼位於地心和地表之間，假定對砝碼作用的只有地心引力，則砝碼越深入地球內部，重力就會越小，到達球心時，物體就會完全失去重力，也就是呈無重力狀態。由於物體各方向所承受的引力完全相同，各方向的引力互相抵消，結果變成零。

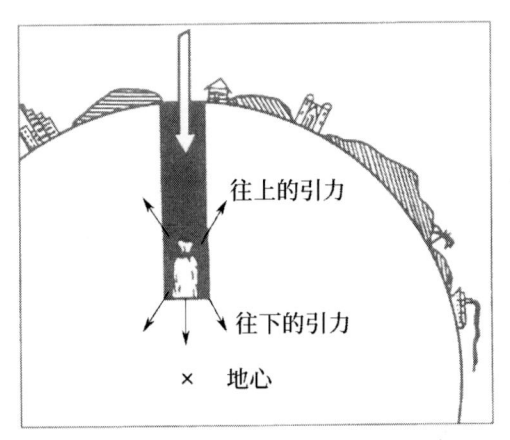

圖 5-21 越接近地心物體所受重力會越小

因此，物體在地球表面時最重，離開地面無論是往上或往下，重力都會減小。實際上，由於密度的不同，在某種距離內，越接近地心，重力反而會增大，需要到更深一層後，才會逐漸減小。

第五章　生活中的力學

5.25　物體下墜時的重力

　　也許每個人都有過這種奇妙的感受，就是在電梯開始下降的一剎那，覺得自己所受的重力似乎減輕了，這就是所謂的「無重力感」。雖然腳下的電梯已經開始下降，但身體的速度卻未達到電梯的速度，所以在這最初的一剎那，身體幾乎完全無法對電梯施加壓力，因此感覺自身重力輕多了。當最初的一剎那過去後，身體不再有這種奇妙感。而且身體往下落的速度，能比等速運動的電梯更快地恢復原狀，所以我們覺得又恢復自己的全部重力。

　　在彈簧秤上懸掛砝碼，然後搭乘電梯下來。這時，開始觀察指標移動的情形（為了易於辨認位置的變化，不妨在指標移動的那道溝中插入一片軟木，看軟木的移動狀況來分辨其變化）。結果彈簧秤的指標並未標示出砝碼實際所受重力，而標示出更小的值。假若讓彈簧秤自由落下，我們會發現在落下的那一瞬間指標仍然指著零的位置。

　　無論多麼重的物體，在它往下掉落的那一瞬間，看似都毫無重力可言，為什麼呢？理由很簡單，物體拉彈簧秤懸垂點的力量或壓著秤臺的力量，也就是物體所受的「視重」。當物體在往下落的那一剎那，並未拉動彈簧秤。由於彈簧秤和物體同時往下掉落，所以在這段時間，物體不可能壓住任何

5.25 物體下墜時的重力

東西,所以不可能產生任何視重。這時,物體的視重為零,但實際重力並未改變。

早在 17 世紀,著名物理學家伽利略就寫過如下的一段話:「當我們想防止肩上的貨物掉下來時,就會感覺肩上有貨物的重量。但是,倘若肩上的貨物和我們以同速度往下降落時,我們就不會再感到肩上有貨物的重量。這種情形,就好像我們在追趕同速度前進的敵人,而企圖用刺刀殺對方是一樣的道理。」可以做個簡單的實驗證明。

如圖 5-22 所示,在秤的一端放一把工具,而在另一端置放砝碼,使秤呈現水平的狀態。現在把工具的一部分放在秤盤上,一部分則用繩索吊在秤桿的一端。我們用火柴燒吊工具的繩索,而當繩索燒斷時,工具的另一部分就會掉在秤盤上。在這一瞬間,秤會有什麼變化?換句話說,當工具的另一部分掉下來時,置放工具的秤盤是會往上移動,往下移動,還是保持原來的水平狀態呢?

圖 5-22 表示降落物體失重實驗

從前面的例子來看,物體下降最初的一剎那沒有視重,所以讀者可能會回答:秤盤往上移動。實際上,秤盤也的確是往上移動。由於秤盤在下面,所以當工具的另一部分落下的那一瞬間,對於秤盤所作用的壓力還是比靜止的時候小,因此,在這一瞬間,置放工具的秤盤的負重就會減輕,秤盤便自然而然地往上跑了。

5.26 不準的秤能稱出正確的質量嗎?

試問,不準的秤,能稱出正確的質量嗎?要稱出物體正確的質量,秤和砝碼何者比較重要?

也許有人會說秤和砝碼都很重要,這種說法並不正確;因為只要有正確的砝碼,就是用不準的秤,一樣可以測出正確的質量。用不準的秤,測出正確質量的方法,有好幾種,在此只介紹其中的兩種方法。

一種方法是由元素週期律的發明者,也就是著名的俄國化學家門得列夫所想出來的。首先,在秤的左秤盤上置放物體 B,物體 B 必須比要稱的物體 A 重,任何東西都無妨。然後在右秤盤上置放砝碼,並使左右平衡。接著在放砝碼的右

秤盤上，置放要稱重的物體 A，這時同樣要使兩秤盤平衡，就必須從右秤盤上拿掉幾個砝碼。所拿掉的砝碼質量，也就是物體 A 的質量。換言之，在右秤盤上的物體 A，同樣具有砝碼的功用，質量便與取下的砝碼相同。尤其當要連續稱好幾個物體的質量時，這種方法顯得格外方便。不過，最初放在秤盤上的物體 B，必須連續使用好幾次。

另一方法則是在左秤盤上放置要稱重的物體，為了使左右秤盤平衡，就在右秤盤上放置散沙。接著把左秤盤上的物體拿掉，為了使左右秤盤平衡，則在左秤盤上置放砝碼，於是砝碼的質量就等於要稱的物體的質量。

只有一個秤盤的彈簧秤，也可以用第二種方法測知正確的質量。只要有正確的砝碼，也可以不用散沙。先把物體放在彈簧秤上，看指標停在哪一個位置。然後用砝碼取代物體，直到指標到達剛才的位置，才不再增加砝碼。這時，你可清楚得知，砝碼的質量也就是物體的質量。

5.27　剛柔相濟的芭蕉扇

芭蕉扇，俗稱蒲扇，在古詩中多稱為蒲葵，是夏季納涼的常用生活物品。蒲扇雖粗陋簡單，但卻充滿了神奇的魅

力。芭蕉扇在小說《西遊記》中出現過兩次，第一次是在平頂山，太上老君用它來扇火煉丹，被金、銀二童盜來作為法寶；第二次是在火焰山，孫悟空費盡心機，三盜芭蕉扇。最後用芭蕉扇大顯神威：一扇熄火，二扇生風，三扇下雨，使千年不滅的大火頓時熄滅。一把蒲扇的神奇留給人們無盡的遐思和回味。

《西遊記》畢竟是神話，故事的描寫難免有出奇的想像和誇張。然而，在中國歷代文學作品中，對芭蕉扇的讚美之作並不少見。

「結蒲為扇狀何奇，助我淳風世罕知。林下靜搖來客笑，竹床茆屋恰相宜。」這首詩為宋代詩人釋智圓所作的《謝僧惠蒲扇》，詩中描述了作者在炎夏輕搖蒲扇，盡享清涼的美好感受，這是很自然的事。但讓作者讚嘆稱奇之處和感到「世罕知」的深層意境恐怕就不那麼容易被人領悟了。

芭蕉扇的神奇之處值得探索。我們不妨從力學的視角作一淺析，希望能揭示蒲扇結構特有的力學內涵。

1. 扇面結構的力學特徵

相對於扇面面積而言，蒲扇的葉面厚度不足 1mm，是典型的薄壁截面。為了抵抗彎曲變形，需要有一個合理的彎曲剛度。蒲扇葉脈的褶皺結構發揮了關鍵的作用。蒲扇的褶皺主要集中密布於縱軸方向，並向兩側逐漸展開。褶皺的葉

脈在根部密集而截面高，擴散到扇面邊緣處則變得稀疏而平緩。這樣，其彎曲剛度沿徑向呈現逐漸衰減的變化，與風壓作用下的彎矩分布規律相一致，從而有效地發揮了抗彎作用。

2. 加固邊緣的作用

如果說蒲扇沿徑向的彎曲剛度分布是天然而成的葉脈結構，那麼到了邊緣處，葉面變得薄如紙，會在搧風時因過於柔弱而承受過大的彎曲應力，也極易於產生疲勞破壞。另外，扇面過軟，變形過大，也降低了搧風的效果。這一不足可以透過人為地增加扇面的環向彎曲剛度來解決。在扇子的邊緣處，採用細篾絲縫合加固後，造就了環向彎曲剛度略大，徑向彎曲剛度較小的結構，搧動時扇面柔韌鼓風，類似鳥類的翅膀，省力而高效。如果扇子邊緣處的篾絲太粗，或者假定用同樣直徑的鐵絲來代替篾絲，那麼，扇子的變形會大幅減小，也更結實了，但扇起來就不再那麼輕巧好用了。

3. 扇子變形的作用

扇面上的葉脈還具有導流的作用。空氣沿徑向的快速流動，一方面提高了搧風的效果，另一方面也有效降低了風壓，限制了葉脈根部承受過大的彎矩。扇面存在一個對稱軸，與扇柄和主脈方向重合，這一對稱軸方向上具有最大的彎曲剛度。搧動扇子時，扇面主要的變形是繞著對稱軸的彎

曲,類似於鳥類的雙翅圍繞身體的中軸線運動。這種變形使扇子垂直於對稱軸的橫截面由直變彎,截面的慣性矩亦隨之增大,相應地提高了彎曲剛度和強度,保證了搧風的效果。

溫馨提示:芭蕉扇具有天生強悍的抗彎效能,主要源於其葉脈合理的褶皺結構。這種結構能抗折抗彎,且柔性好,所以能供人搧風乘涼。

5.28 神祕的大佛

在某觀光區的景點上,導遊小姐正向遊客介紹一尊石雕大佛。「這尊古代大佛不僅有文物和藝術價值,而且還展現了古代傑出的力學成就呢!」接著,她講了如下這個小故事。

戰爭勝利之後,某烈士的故鄉決定要為烈士豎立一座雕像。美術工作者選擇了當地一種優良石料,根據設計先雕刻出了一個小尺寸的模型。烈士雙手緊握衝鋒槍巍然挺立的英雄造型得到了認可,設計方案定型了。當放大比例刻製成大尺寸石雕時,問題出現了。還未到最後完工,石像端槍的手臂就意外地斷裂下來。設計者意識到問題可能出在石料的強度不夠,但是該如何解決呢?

這時,有人提議,可以借鑑一下古代佛像的經驗。附近

5.28 神祕的大佛

恰好有尊古代石雕佛像，造型是大佛直身挺立，在胸前舉手臂（圖 5-23）。雖然經歷過千年風雨，卻依然儲存完好。

經過對立佛進行詳細的考察分析，得出的結論是：佛像所用的石材與烈士雕像選用的材料非常相似，兩者的造型和實際尺寸也相差不多，為什麼大佛伸出的手臂能安然無恙呢？難道真的會有神明保佑不成？設計人員百思不得其解（沒有學過材料力學，難以發現問題的真相）。後來又經過反覆觀察和對照比較，終於發現了奧祕所在：唯一的重要差別在於佛像多披了一領袈裟，正是這個袈裟保佑了佛像強度的安全。設計人員由此獲得靈感，立即修改了設計方案，為雕像增加了一個軍用斗篷，斗篷環繞英雄雕像端槍的臂膀自然垂下（見圖 5-25），手臂強度的問題最終得到圓滿解決。

圖 5-23 站立佛像　　　　圖 5-24 烈士雕像

第五章　生活中的力學

第六章　人體的運動

　　俗語云:「生命在於運動」、「運動是生物的本能」。運動分為生命運動和自然運動。生命運動要受意識控制或本能影響,而自然運動則完全遵循科學規律。本章只研究人是如何運動的。

　　健康的體魄是人們永恆的追求,生命無止境,運動無極限,我運動、我健康、我快樂。在體育運動中含有不少科學知識,如能有意識地加以認識,那麼更會體驗到「運動是快樂的泉源,快樂是生命的財富」。

第六章 人體的運動

6.1 人行走的祕密是什麼？

行走，是人類再熟悉不過的動作了，但是你知道人類行走的原理嗎？

摩擦力是人類行走時用到的一種力。摩擦力雖然對物體運動有阻礙，但適當的摩擦力會產生幫助物體運動的作用。假使沒有它的存在，汽車在馬路上會像在冰面上一樣打滑，無法前行。

人類身體內部產生的力是大小相等方向相反的一對內力，無法讓人的整個身體運動。在頭腦中想像一下，你的身體使用內力 F1 將右腳向前移，與這個內力相對的力 F2 讓左腳向後移，但此時這對力並沒有使身體向前或向後移動。這時候左腳與地面的摩擦力 F3 就成了能削弱其中一個內力的第三方力。如果一方力變弱，身體的重心就會改變，那另一方力自然就會起推動身體前進的作用（圖 6-1）。

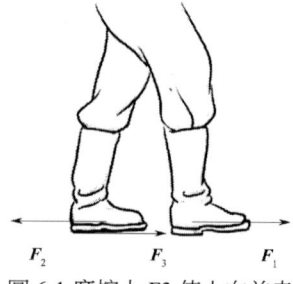

F_2　　F_3　　F_1

圖 6-1 摩擦力 F3 使人向前走

我們走路時,一隻腳向前抬起伸出時,已經減小了地面與這隻腳的摩擦力。另外一隻腳踩在地面上,摩擦力較大,正好阻止了腳向後滑。

總之,人行走是一個複雜的運動,由於是單足支撐,重心在地面上的投影經常越出鞋底與地面的接觸面,不能像爬蟲緩慢爬行那樣隨時滿足靜平衡條件(圖 6-2)。因此人的行走穩定性是一個動態過程,主要依靠鞋底與地面的摩擦力來維持。運動員穿上釘鞋就能大步奔跑,原因就是鞋底與地面的摩擦明顯增強了。

圖 6-2 人行走的穩定性

6.2 為什麼人在走路時要擺動雙臂?

在生活中,我們常常會看到這樣一種現象,當人在走路時,雙臂會很自然地輕微擺動。走路時雙臂為什麼要擺動

第六章　人體的運動

呢？有人推測，走路時雙臂擺動有利於校正頭部的位置。因為人走路時面部始終朝向前方，可是伴隨雙腳的交替跨步，雙臂自然會隨之發生擺動。這種擺動會由肩部傳到頭部，導致人的頭部在走路時左右轉動，而手臂和腳交叉擺動，就能夠適當抵消這種轉動。然而，科學測定的結果並不支持這種推測。因為人走路時即使雙臂紋絲不動，肩部轉動的角度也會很小，頭部轉動角度幾乎只有 2°，從而不會影響人體面向前方。總而言之，這種推測不成立。

那麼，為什麼人在走路時會擺動雙臂呢？

有些科學家從猿演變成人的過程中得到啟發，推出人走路時擺動雙臂的原因。人是從猿猴等四肢著地的動物演變而來的，這一類動物在行走時，前後肢交替跨步是很有規律的。當人學會直立行走時，其前肢的行走功能逐漸退化，最後變成了雙臂。實驗證明，當人被綁住雙臂走路時，雙臂的肌肉仍在不斷地、有規律地收縮運動著。由此可知，人在走路時擺動雙臂，與四肢著地的動物行走姿勢有重要關係，這展現了在由猿到人的演變過程中動物習性的殘留影響。對於現今的人類來說，這種姿勢主要發揮協調和平衡走路的作用。

6.3 你熟悉走與跑嗎？

走與跑，是我們生活中最熟悉不過的兩個動作了。前面講了行走的祕密，這一節再講一講走與跑的學問。我們非常熟悉走與跑這兩個動作，但並不熟悉人體究竟是怎樣完成這兩個動作的。這兩種運動方式之間，除了速度不同外還有著怎樣的差異呢？

生理學家這樣描述人的行走過程：首先人用一隻腳站立，然後輕輕地抬起另一隻腳的腳後跟使身體前傾，當人的重心在地面上的投影超出這隻腳的鞋底與地面的接觸面時，將另一隻懸空的腳向前踏到地面上，使得重心在地面上的投影，進入到另一隻腳的鞋底與地面的接觸面的範圍之內，重新獲得平衡，然後再循環往復，直到走到人想要到達的地方。行走也就是一個人不停地向前傾倒，然後及時由原來在後面的一只腳提供支撐防止跌倒的過程（圖6-3）。

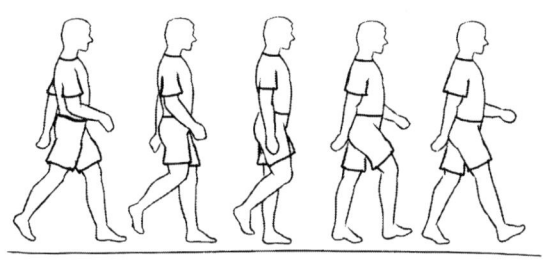

圖 6-3 人行走時的連貫動作

第六章　人體的運動

　　圖 6-4 是人行走時的雙腳示意圖，上面的 A 線表示一只腳的動作，下面的 B 線表示另一隻腳的動作。直線表示腳接觸地面的時間，曲線表示腳離開地面的時間。從圖上我們知道，在時間段 a 裡，雙腳接觸地面；在時間段 b 裡，A 腳懸在空中，B 腳接觸地面；在時間段 c 裡，雙腳同時接觸地面。步行的速度越快，a、c 兩段時間越短（請與圖 6-5 的跑步示意圖做比較）。

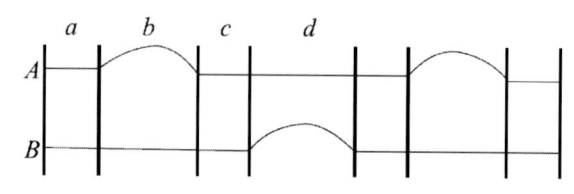

圖 6-4 人行走時的雙腳示意圖

　　對於跑步來說，更確切地講它應該是由雙腳交替的跳躍動作組成。跑步的時候由於腿部肌肉收縮，身體會有一瞬間被彈到空中完全離開地面，然後再由一隻腳著陸。在人騰空的那一瞬間要快速向前邁進一隻腳，不然就只是原地跳躍而已。

　　圖 6-5 是跑步時的雙腳示意圖。從圖上可以看出人在跑步時，有時雙腳騰空（時間段 b、d、f 內），這是行走與跑步的區別所在（請與圖 6-4 做比較）。

6.3 你熟悉走與跑嗎？

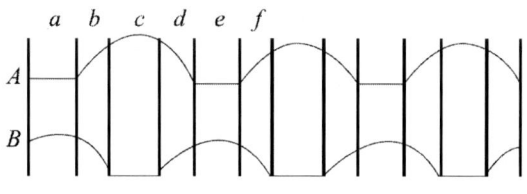

圖 6-5 人跑步時的雙腳示意圖

讓我們再回過頭看看人行走時的運動過程，當人踏出第一步後，人的一隻腳僅僅剛接觸地面，另一隻腳就重重地踏在地面上。只要步幅不大，剛接觸地面的那隻腳的腳後跟應該是微微抬起的，只有這樣才能使身體前傾。同時，踏在地面的那隻腳應該先是腳後跟著地，隨後變成全腳掌著地，當這隻腳的全腳掌著地時，接觸地面的那隻腳應該已經完全騰空了。同時，著地的時候原本膝蓋有些彎曲的這隻腳會因為股四頭肌的收縮而垂直於地面，使人體能夠移動，而原本支撐地面的腳也變成僅僅用腳趾支撐，然後離地。這樣複雜的交替需要消耗能量，即便在水平的路面上行走也要做功，不過此時消耗的能量遠沒有走到同等距離的高處時所需要消耗的能量那麼多。一般一位步行者在水平路面上行走所消耗的能量，大約是他在攀登過程中走同等距離的路所要消耗能量的 1/15。這也就是上坡比走在水平路面上更費力的原因。

6.4　圖示坐姿你能站起來嗎？

假如我說，如果你按照我的要求坐在椅子上，你不可能再站起來，你會不會認為我在說謊？可是如果你試著按圖6-6所示的坐法試一試，很快就會發現我說的並非戲言。這是為什麼呢？

圖6-6 這樣的姿勢坐在椅子上為什麼站不起來

當你坐在椅子上讓軀幹保持垂直，既不改變雙腳的位置，也不向前彎曲軀幹的話，你會發現你根本無法站起來。若想知道個中緣由，要從物體的平衡說起。當物體立在地面上時，物體重心在地面上的投影只要不超過該物體的底面與地面的接觸範圍就不會倒下。比薩斜塔和波隆那雙塔至今沒有倒塌便是因為這個原理，它們的重心在地面上的投影並沒有超出其底面坐落的巨大範圍，當然塔沒有倒塌也與它們牢

6.4　圖示坐姿你能站起來嗎？

牢的地基有關。反之,如果物體重心在地面上的投影不在物體的底面內(圖 6-7),底面也沒有被固定,那麼它就會倒下。

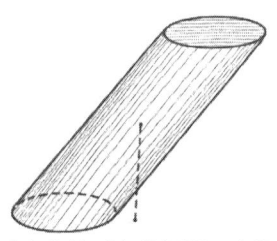

圖 6-7 物體重心在地面上的投影不在物體的底面內

就像這些建築一樣,人在站著的時候,身體重心在地面上的投影要一直在他雙腳的範圍內才能保持平衡,穩穩地站在地面(圖 6-8)。同理,當人坐著的時候,人的重心位於體內靠近脊柱的位置,這個位置在地面上的投影位於人雙腳後方,所以在人想站起來的時候,要透過身體前傾或者移動雙腳的位置來做重心的變換。這也就是為什麼,一旦人按照圖 6-6 所示的姿勢坐下時,就很難再站起來。

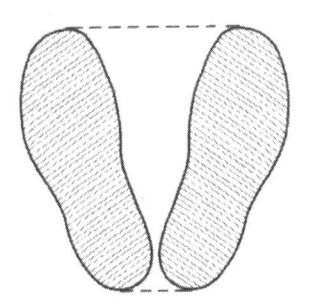

圖 6-8 人站立時重心在地面上的投影
在兩腳外緣所圍成的小面積內

第六章　人體的運動

平衡就是這樣一件神奇的事。為了保持平衡感，人的身體會不由自主地塑造一些優美的姿態。例如當人在頂起重物時，為了保持平衡，頭部和身體要保持垂直，否則再微小的傾斜也會讓人東搖西晃，狼狽不堪。然而，有時候保持平衡也會讓人的姿態變得格外奇怪。不知道你是否觀察過那些長時間生活在海上顛簸的甲板上的船員，他們一旦到達岸上就會格外顯眼，總是大大叉開雙腳，占據盡可能大的面積。他們的步態這樣奇怪，主要是由於在海上漂泊時要能夠在顛簸的甲板上控制重心、保持平衡。

6.5　為什麼人不彎腿就跳不起來？

在國中生物課堂上，我們會了解到：用小錘子敲擊膝蓋，膝蓋就會彈跳一下，彈跳是由條件反射的原理造成的。那麼，為什麼我們往上跳時必須彎一下腿呢？

人要想跳起來，就必須藉助腿部的力量，而腿部要用力，就必須彎一下。牛頓第三定律告訴我們，如果物體甲要給物體乙一個作用力，物體乙會同時給物體甲一個反作用力。這個作用力和反作用力的大小應該是相等的，但是方向

卻是相反的,且作用在同一條直線上。比如我們在打壁球的時候,我們給牆壁施加一個力,牆壁同時也會施加一個力給我們。這樣有來有往的力的作用正好使球能夠在人和牆壁之間來回運動。

同樣的原理,假如我們想要從地面上跳起來,就必須要使地面對我們有一個力把我們「彈」起來。我們為了使地面對我們施加力,就得先對地面有個作用力。所以,我們需要彎腿、下蹲,然後再向上跳。這個過程就是我們在對地面施加力的過程,因為我們在彎腿、下蹲的時候是在調整腿部的肌肉,使肌肉收縮、用力。這樣一來,地面就會同時對我們產生向上的反作用力,藉助這個反作用力我們就跳起來了。反之,如果沒有力的相互作用,我們是無法跳起來的。

6.6 為什麼跑步時會岔氣?

在我們跑步時,經常會出現讓人難受的事情——岔氣。那麼跑步岔氣是怎麼回事呢?膈肌痙攣是導致跑步岔氣的主要原因。膈肌是人體主要的呼吸肌,位於胸腔和腹腔之間。在跑步者呼吸急促地跑步時,膈肌會變得十分疲勞,無法正常地上下移動,支撐隔膜的韌帶就會出現痙攣,從而引發岔

第六章　人體的運動

氣。此時，跑步者會感到左側或右側肋部以下劇痛。

錯誤的跑步姿勢也會引發岔氣。跑步時最忌諱採用肩部下沉前傾的姿勢，因為這樣會使腹膜的摩擦力加大，讓背部到腹部的神經更加緊張，時間稍久，跑步者就會出現疼痛感。

另外，呼吸過淺也是岔氣發生的誘因之一。在身體需氧量加大時，不採用深呼吸，而是加快呼吸的頻率，導致呼吸過淺，從而引起呼吸肌痙攣。而深呼吸能夠使空氣灌滿肺部，有助於提高呼吸品質，減少對呼吸肌的壓迫，避免發生岔氣。

在飽腹或者脫水狀態下跑步，也可能會出現岔氣的情況。

跑步岔氣是呼吸問題。我們在跑步之前的 3 個小時裡，要少進食，及時做好熱身，開跑後要平穩地提高跑步速度，盡量做到呼吸均勻。體能越來越好後，岔氣現象就會出現得越來越少。

6.7　不怕鐵錘砸的人

在雜技表演中，有這樣一個驚險的節目：一個躺著的演員胸上放著一塊大鐵砧，另外兩位演員則用大鐵錘重重砸向鐵砧，躺著的演員卻毫髮無損（圖 6-9）。

你肯定很驚奇，為什麼人可以承受得住這樣猛烈的震動

6.7 不怕鐵錘砸的人

呢？但當你了解了物體間的彈性碰撞後，你就應該明白鐵砧比鐵錘越重，鐵砧在碰撞瞬間得到的速度越小，因此人的震感也越小。

圖 6-9 兩個大力士掄起鐵錘向鐵砧上用力砸去

以下就是被撞物體在發生彈性碰撞後的速度

$$u_2 = \frac{2(m_1v_1 + m_2v_2)}{m_1 + m_2} - v_2$$

其中 m1 為鐵錘的質量，m2 為鐵砧的質量，v1 和 v2 分別是它們碰撞前的速度，u2 為鐵砧碰撞後的速度。

由於鐵砧在碰撞前是靜止的，因此 v2=0，所以

$$u_2 = \frac{2m_1v_1}{m_1 + m_2} = \frac{2v_1 \times \frac{m_1}{m_2}}{\frac{m_1}{m_2} + 1}$$

如果鐵砧的質量 m2 遠大於鐵錘的質量 m1，則 的值就會很小，因此分母中的可以忽略不計。整理上式，得到

第六章　人體的運動

$$u_2 = 2v_1 \times \frac{m_1}{m_2}$$

可見鐵砧碰撞以後的速度比鐵錘碰撞前的速度小很多。

假設鐵砧的質量為鐵錘的 100 倍時，鐵砧碰撞後的速度只有鐵錘碰撞前速度的 1/50

$$u_2 = 2v_1 \times \frac{1}{100} = \frac{1}{50}v_1$$

現在你應該明白為什麼說鐵砧越重，躺在它下面的演員越安全了吧。不過在胸上承受這麼重的鐵砧也是一個難題，如果改變鐵砧底部的形狀，增大其與人體的接觸面積，就可以使壓在人身上的鐵砧質量分散，也就是說人每平方公分體表上所承受的鐵砧質量會減小。另外，還可以在鐵砧與人體之間加墊一層柔軟的墊子，減緩壓強。

因此在觀看表演的時候，你大可不必懷疑鐵砧的質量，不過鐵錘的質量就值得斟酌了。事實上，表演中的鐵錘可能並不如你所想的那麼重，甚至可能只是空心的，不過這樣的改動並不影響表演的效果，但對於鐵砧下的演員而言，他所感受到的震動卻是大大減弱了。

第七章　工程中的力學

　　力學是工程技術中的一門重要技術科學。它主要用在工程結構的受力分析，強度、剛度和穩定的計算上。本章所涉及的是常見的簡單工程問題，不需要複雜的工程計算，只作簡單的受力分析，就能說明所涉及的力學問題。淺顯易懂，易學易會。

第七章　工程中的力學

7.1　安全帽
爲什麼要做成半球形？

　　不知大家有沒有注意，建築工地裡的工人戴的安全帽，摩托車騎士戴的安全安全帽，還有賽車手戴的防護帽是什麼形狀？只要略微留心一下就會回答，全都是半球形的。試問，安全帽為什麼要做成半球形呢？除了為了美觀，還有其他的原因嗎？有，而且是主要原因。顯而易見，安全帽被設定成半球形是因為這樣形狀的安全帽是最牢固的。那麼再進一步問，為什麼安全帽設定成半球形是最牢固的呢？

　　由力學知識告訴我們：一個物體是否牢固，除了與本身的材料強度有關之外，與它的外形更是息息相關。據專家測定，能承受得住外來衝擊力的最好形狀是球形等凸曲面，因為凸曲面往往能把受到的外加壓力沿凸曲面擴散開來，使整個面各處的受力比較均衡。所以半球形的殼體具有較大的承受能力。

　　假如一名摩托車手在行駛的過程中突然滑倒，正好撞到頭部。由於速度和質量的原因，這次的撞擊會對摩托車手的頭部產生巨大的衝擊力。在這個時候，光滑的半球形薄殼的安全帽就能阻擋一部分的衝擊力，並把這些集中在一起的衝擊力沿球面均勻地分散開來，且主要受壓力作用，由物體性

7.1 安全帽為什麼要做成半球形？

質得知，物體承受的壓力比較大。同時，安全帽內壁的彈性襯墊物也能緩衝掉一部分力，從而減少頭部受到的衝擊力，避免人員的傷亡。

多次的試驗結果表明，安全帽、安全頭盔等能使外在的衝擊力被分散和緩衝掉大約 70%～90%，足以使頭部得到較好的保護。因此，建築工地和礦山都嚴格要求進入施工現場的人員必須戴上安全帽。

如果對上述解釋還有點不太懂，請再看看雞蛋、電燈泡之類為什麼能承受很大的外力？如弄懂這個問題，那麼上述問題也就徹底弄清了。

在人們的印象中，雞蛋、電燈泡之類是很脆弱的，一碰就碎，不能承受多大的外力，但其實不然。殊不知雞蛋、電燈泡之類可以承受很大的外力。例如兩手五指相交叉，中間放一個雞蛋，用力壓它的兩端，是沒那麼容易壓碎的；再如可以在一個相當重的飯桌四條腿下，都放上一個雞蛋，也不會輕易把雞蛋壓爛的，並且桌上還可以慢慢放些小東西，也不會出問題；另外，電燈泡看起來也很容易破碎，實際上像蛋殼一樣堅固，不！比雞蛋更堅固。有人做過實驗，直徑 10cm 的電燈泡兩面受的壓力可超過 750N（一個人所受重力）。實驗表明：真空電燈泡甚至還能承受住約 2.5 倍一個人體重的壓力。

第七章　工程中的力學

試問，這是什麼道理呢？因為雞蛋、電燈泡的外形似如合理的固定拱，在外力作用下只產生壓力，不產生拉力，所以能夠承受很大的外力。

7.2　為什麼比薩斜塔沒有倒塌？

義大利的比薩斜塔舉世聞名。除了偉大的物理學家伽利略在這裡舉行了著名的自由落體試驗之外，另一個重要的原因自然就是這個塔是傾斜的。雖然這幾百年來，比薩斜塔傾斜得越來越厲害，但是它卻沒有倒下去（圖 7-1）。

圖 7-1 比薩斜塔

或許人們以為這是人類的又一發明創造，是智慧的人類故意為之。其實不然，比薩斜塔剛開始和其他的塔一樣是筆直的，後來，由於地基鬆軟，比薩斜塔無法直立，開始慢慢傾斜。幸運的是，它並沒有轟然倒塌。

物體之所以會傾斜，是因為物體之間的靜態平衡被打破了。任何作用在物體重心的重力作用線一定要落在物體的基底面積內，如果這條作用線越出了基底的範圍，該物體馬上就會失去平衡，出現傾斜甚至倒塌的情況。

為了防止比薩斜塔的傾斜越來越嚴重並最終倒塌，科學家提出了各種方案來進行維修。科學家提出：最好的辦法就是在塔傾斜方向的反方向地基上灌入大量的水泥，這樣就可以將比薩斜塔的重心向反方向移動，從而使塔身不再繼續傾斜，甚至還能矯正塔身。

另外，雜耍表演中的藝人之所以能夠在摞著的椅子上做出各種表演，還能保持平衡而不跌倒，就是利用了同樣的原理——不論有多少藝人或多少張椅子，由於藝人和椅子的重力作用線始終在椅子腳所圍成的底面積內，所以就不會倒。

7.3 為什麼路橋的下面多數都有橋孔？

一座巨大的橋梁在跨越江河的時候，需要橋墩來支撐，而橋墩之間的橋孔長度就是橋梁的跨徑。橋梁的跨徑越大，其所承受的負荷就越大。而負荷越大，就要求橋梁必須擁有

第七章　工程中的力學

更高的強度。橋梁的強度一般取決於兩個方面：橋梁的材料和橋梁的結構形式。為了使橋梁的強度增加，橋梁的長度越長，就需要造出越多的橋孔。圖 7-2 為頤和園的十七孔橋。

圖 7-2 頤和園十七孔橋

橋梁的跨徑除了由橋梁的強度來決定，也由橋墩來決定。橋梁的負荷隨著跨徑的增加而增加，而這些增加出來的負荷就要由橋墩來承受，因此這就要求橋墩必須有足夠的強度。橋墩的強度與橋梁的強度類似，也是由材料與形式決定的。

增加橋墩強度的方法中，加大橋墩寬度是最常用的方法之一。

顯而易見的是，跨越同一河流的橋梁，如果橋孔少，就說明橋墩少，相反則說明橋墩多。如果橋墩少，橋梁的跨徑就大；如果橋墩多，那麼橋梁的跨徑就小。一座橋梁合理的橋孔數量，應該使全部橋梁的成本等於全部橋墩的成本。另外還有一個特殊情況會影響橋孔的多少，即在水流很急的河流中，橋墩的數量是越少越好。

7.3 為什麼路橋的下面多數都有橋孔？

此外，橋孔的數量還與美觀有關。出於一些審美上的原因，橋孔的數量也會有所變化。

知識加油站：李春和他的趙州橋

李春是隋朝著名的工匠師（圖 7-3），他於西元 605 年建造完成的趙州橋（圖 7-4）至今已有 1,400 多年的歷史，是當今世界現存最早、保存最完善的古代敞肩石拱橋。

圖 7-3 隋朝著名工匠師李春像　　圖 7-4 趙州橋整體與部分

在這漫長的歷史長河中，它經歷了 10 次水災、8 次戰亂和多次地震，但至今仍然儲存完好。

趙州橋的主要特點為：橋身全長 64.4m，主拱淨跨

徑37.02m，拱高7.23m，橋上還有4個小拱，拱厚均為1.03m。橋的兩端寬9.6m，中間略窄，寬9m。這是當今世界上跨徑最大、建造最早的單孔敞肩型圓弧石拱橋。趙州橋被公認是建築史上的稀世傑作，1991年被美國土木工程師學會認定為「國際土木工程歷史古蹟」。

7.4 為什麼鐵道不直接鋪設在地面上？

其他的車輛都是在地面上行駛，唯有火車、輕軌、地鐵等車輛是在特別修建的軌道上行駛，而且這些軌道大部分都是在地下或者是人煙稀少的地方修建。大家知道這是為什麼嗎？

要想揭開這件事的奧祕並不難，首先來了解一下鐵道的構成。鐵道由兩根鋼軌鋪設而成，不過這兩根鋼軌並不是直接鋪設在地面上，而是先把鋼軌釘在軌枕上，然後再把釘上鋼軌的軌枕架設在覆蓋著無數小碎石和礦渣的路基上面。

這樣列車巨大的質量就不會透過車輪集中落在車輪與路基接觸的極小面積上，而是先從車輪傳到鋼軌，再透過軌枕、道砟傳到路基上。這樣幾次傳下來，承受質量的接觸面一次比一次大，最後把全部質量分散傳到了整個路面上，路面受到的平均壓力變小，避免了路面被壓壞的可能。

此外，將鋼軌和軌枕鋪設在道砟上，還能防止因列車透過時產生的劇烈震動導致的軌枕移位的情形，也可以減輕列車行駛時出現的顛簸。而且，由於鐵道碎石墊高了軌道，顆粒狀的碎石相互間的空隙很多，軌道的通風排水效能較好，能讓軌道保持比較乾燥的狀態，從而能防止鋼軌生鏽。

7.5　為什麼鋼軌都是「工」字形的？

火車是一種沿著軌道行駛的列車。火車發展至今，有著不同的類型，但是無論火車如何發生變化，鋼軌斷面的形狀卻一直沒有發生變化。人們在鋪設鋼軌的時候，都選擇了「工」字形鋼軌（圖 7-5）。這是為什麼呢？

圖 7-5　「工」字形鋼軌

第七章　工程中的力學

　　火車在行駛的時候，給鋼軌施加了很大的壓力。為了承受住來自火車的壓力，鋼軌的頂部就必須有一定的寬度和厚度。同時，為了提高鋼軌的穩定性，鋼軌底部的寬度也必須足夠大。另外，為了與火車的車輪相配合，鋼軌又必須具有一定的高度。為了達到這三個方面的要求，「工」字形可以說是最理想的形狀。從材料力學的角度來看，「工」字形的鋼軌也具有極大的強度。

7.6　為什麼腳踏車車架由管子構成？

　　如果細心觀察，我們就會發現如今的腳踏車車架都是由管子構成的。也許很多人認為實心桿會比管子更結實耐用，但為什麼腳踏車車架還要用管子做呢？其實，環形截面面積相等的管子和實心桿相比，兩者的抗斷和抗壓強度幾乎沒有什麼區別。如果比較的是抗彎強度，在實心桿和管子環形截面積相等的情況下，彎曲一段實心桿會比彎曲一段管子容易得多。因此，腳踏車車架用管子做不僅能節省材料，而且能提高抗彎強度，可謂是一舉兩得。

　　對於這一點的解釋，強度科學的奠基人伽利略早就在他的《關於兩門新科學的對話》(*Dialogues Concerning Two New Sciences*)裡做出了重要的論述：

7.6 為什麼腳踏車車架由管子構成？

「迄今我們已經證明了關於固體對斷裂的抗力的許多結論。作為這門科學的一個出發點，我們假設固體對於軸向拉伸的抗力是已知的；由這一基礎出發人們可以發現許多其他的結果及其證明；在自然界中，要尋求的這些結果是不計其數的。但是，為了結束我們的日常討論，我想討論有空洞的固體的強度，在上千種工作中為了大大增加強度而不增加重量，它被應用在技術中——更經常地用在自然界中；其例子可以在鳥的骨頭和許多種類的蘆葦中找到，它們輕巧且對彎曲和斷裂都有非常大的抗力。如果一根麥稈攜帶一枝比整根莖稈還重的麥穗，但麥稈是實心的，它對彎曲和斷裂將有較弱的抗力。這是被實踐證實了的經驗，人們發現一根中空的長桿、一根木頭或金屬的圓管比具有相同長度和重量的實心的長桿（它必然會細些）要強得多。人們已經發現，為了使長桿強而輕，必須使它是空心的。」

其實，只要我們研究一下桿被彎曲時所產生的應力，就一目了然了。現在支起桿 AB（圖 7-6）兩端，在中間放一重物 Q。在重物 Q 的作用下，桿向下彎曲。我們可以看出，桿的上半部分被壓縮，產生了反抗壓縮的彈性力，相反的，下半部分則被拉伸了，產生了反抗拉伸的彈性力，而中間有一層（中立層）既沒有受到拉伸，也沒有受到壓縮。需要說明的是，不管是反抗拉伸的彈性力還是反抗壓縮的彈性力，都是想使桿恢復原狀。隨著桿的彎曲程度不斷增大（不超過彈性

形變的範圍），這兩股彈性力也會不斷增大，直到由 Q 所產生的拉伸力和壓縮力大小相等為止，彎曲也就停止了。

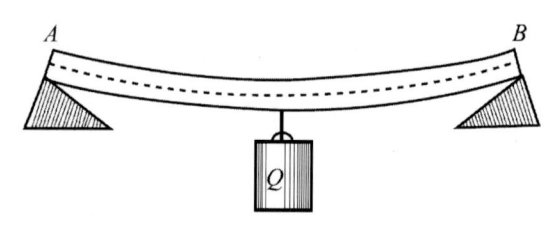

圖 7-6 彎曲的橫梁

綜上所述，桿的最上一層和最下一層是發揮對彎曲最大反抗作用的，其餘各層離中立層越近，作用就越小。所以，最好的桿是使截面形狀大部分材料離中立層最大限度的遠，工字梁和槽形梁（圖 7-7）的材料分布就是如此。

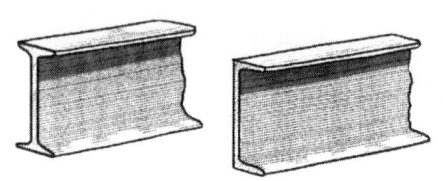

圖 7-7 工字梁（左）和槽形梁（右）

當然了，我們不能因此就讓管子的內壁過分單薄，而是要在保證兩個管面相互不變動位置和管子穩定性的前提下，使管子內壁趨向單薄。

桁架（圖 7-8）去除了靠近中立層的全部材料，相比於以往的工字梁，桁架節省了材料，也更加輕便。我們把桿 ab……k 用弦桿 AB 和 CD 連起來，代替整塊材料。根據上

文所得出的結論可知：在 F1 和 F2 的作用下，上弦桿被壓縮，而下弦桿被拉伸。

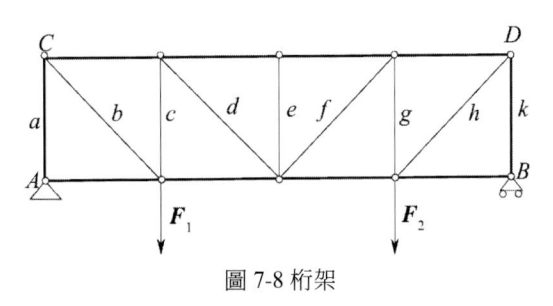

圖 7-8 桁架

透過以上分析，大家都明白了管子比實心桿在抗彎強度方面更有優勢的原因。

7.7 車輪胎上為什麼有凹凸不平的花紋？

輪胎是汽車的重要組成部分，輪胎之於汽車，就好比雙腳之於人類。沒有輪胎，汽車就如同是一堆廢品。世界上第一個輪胎是用木頭做的，它不是被運用在汽車上，而是被運用在了馬車上。之後，哥倫布肩負使命探索新大陸，在他的新發現中，橡膠成了一個足以改變世界的發現。西元 1888 年，一個蘇格蘭人用橡膠製造了充氣輪胎，並獲得了專利。隨著技術的進步，1930 年，米其林製造了世界上第一個無內

第七章　工程中的力學

胎輪胎；十幾年後，米其林又發明了聞名於世的輻射層輪胎。

時至今日，世界上的輪胎已多種多樣，但是它們都有一個共同點，在它們之上都有凹凸不平的花紋。這些花紋有什麼作用呢？

簡而言之，輪胎花紋的主要作用就是增加胎面與路面間的摩擦力，防止車輪打滑，這與鞋底花紋的作用如出一轍。輪胎花紋提高了胎面接地彈性，在胎面和路面間切向力（如驅動力、制動力和橫向力）的作用下，花紋塊能產生較大的切向彈性變形。切向力增加，切向變形隨之增大，接觸面的「摩擦作用」也就隨之增強，進而抑制了胎面與路面打滑或打滑趨勢。這在相當程度上消除了無花紋輪胎易打滑的弊病，使得與輪胎和路面間摩擦效能有關的汽車效能——動力表現、煞車性能、操控性和行駛安全性的正常發揮有了可靠的保障。有研究顯示，胎面和路面間產生摩擦力的因素還包括這兩面間的黏著作用、分子引力作用以及路面小尺寸微凸體對胎面微切削作用等，但是發揮主要作用的仍是花紋塊的切向彈性變形。

影響花紋作用的因素較多，但發揮主要作用並與汽車行駛有關的因素是花紋樣式和花紋深度。輪胎花紋樣式多種多樣，但歸納起來，主要有3種：普通花紋、越野花紋和混合花紋。

7.8　拖拉機為什麼前輪小、後輪大？

我們日常見到的汽車、卡車等四輪車的車輪大部分都是一樣大小的，拖拉機除外。拖拉機雖然也是四個車輪，但是它的車輪前小後大（圖 7-9），模樣看起來有些奇怪，大家知道拖拉機的車輪為什麼前後大小不一樣嗎？

圖 7-9 拖拉機前輪小後輪大

拖拉機日常主要行駛在坑坑窪窪、軟硬不一的田野上，不像其他轎車一樣行駛在平坦的馬路上，而且，拖拉機拖拉的還是各式各樣比較笨重的農業機械。在這種不同尋常的工作環境中，拖拉機前後輪承擔的任務是不同的，而它們前後不一樣的大小正是為了適應彼此不一樣的承重要求而特別設計的。

前輪的主要任務是在拖拉機司機轉動方向盤時，能夠靈活、快速地調整方向，引導整個拖拉機按照司機的意願前

第七章　工程中的力學

進，所以，前輪要稍微小一些、窄一些，這樣在轉動方向盤時受到的阻力相對要小一些，不僅操縱靈活，也節省了發動機的動力。與前輪不同，後輪主要負責拉播種機、插秧機、圓盤犁等農業機械，而這些機械都是由金屬製造的，質量比較大。這些農業機械大部分的質量落在了後輪上，所以，我們一般都把後輪設計得又寬又大，以方便拖拉更多的東西。

7.9　車輪的轉動之謎是什麼？

朋友，你會騎腳踏車嗎？你曾不曾在不經意間，看到腳踏車車輪上沾到一張紙條，當紙條位於滾動的車輪下方時，還能看清它的運動軌跡，然而一旦隨著車輪轉動，它位於車輪上方時，往往還沒看清它怎麼動它就又跑到車輪下方去了。再看滾動著的車輪上部和下部的輻條，竟然也是這樣。輪胎下部的輻條一根一根清晰可見，然而輪胎上部的卻連成一片影子，無法看清。這究竟是為什麼呢？難道車輪上部要比車輪下部移動得快嗎？

事實確實如此，產生這種現象的原因是對處於滾動狀態的車輪來說，它上面的每一個點都在做兩種運動，一個是圍繞著車軸旋轉的運動，另一個是同車軸一起向前的運動。這兩種運動同時進行，從而出現了兩種運動的合成，運動合成

的結果對於車輪上下兩個部分的作用各不相同。對於車輪上部來說，由於兩種運動方向的夾角是銳角，所以車輪繞著車軸旋轉的速度要加上車輪前進的速度。而對於車輪下部來說，兩種運動方向的夾角是鈍角，所以車輪下部運動的速度是兩個運動速度的差。車輪上部運動的速度要大於車輪下部運動的速度。

這個規律只對向前滾動著的車輪有效，而不適用於在固定軸上轉動的輪子。因為固定軸輪子相同直徑圓周上的各點都在以同樣的速度運動著，比如飛輪，無論是飛輪上部還是下部每一個點的運動速度都是相同的。

7.10　坐著火車觀雨滴

坐火車時，人們常常注意到一個非常有趣的現象，雨水淋在火車的玻璃窗上之後會形成一條條的斜線。這個過程中，兩個運動是按照平行四邊形的規則進行合成的，而且合成之後的運動是直線運動（圖 7-10）。由於火車是等速運動的，學過物理學的人都知道，這種情況下合成後的運動如果是直線運動，那麼另外一個運動，也就是雨滴的下落也應該是一個等速運動。如果雨滴下落時不是等速運動，那麼玻璃窗上的雨水應該形成的是曲線而不是直線。當雨滴等加速下

第七章 工程中的力學

落時,甚至還可以在玻璃窗上形成拋物線。車窗上的直線只能說明一點,那就是雨滴下落過程中做的是等速運動。這是個出人意料的結論,乍一看甚至有些荒謬,落下的物體居然是做等速運動。這是怎麼回事呢?

圖 7-10 雨水在玻璃窗上形成的運動軌跡

其實在雨滴下落過程中之所以做的是等速運動,是因為它們所受到的空氣阻力跟它們受到的重力處於一種平衡狀態,這時候不能產生加速度。

如果沒有空氣阻力,雨滴下落過程中就會產生加速度,這樣下雨對我們來說就無異於一場災難。雨雲一般聚集在距離地面 1,000～2,000m 的地方,如果沒有空氣阻力,當雨滴從 2,000m 的高度落到地面上時,它的速度應該是

$$v = \sqrt{2gh} = \sqrt{2 \times 9.8 \times 2000} \approx 198 \text{m/s}$$

這是一個非常大的速度,手槍子彈的速度也不過如此。

雖然雨滴的動能不如鉛彈,甚至只有鉛彈的 1/10,但是下落速度這麼快的雨滴砸在我們身上,一定會非常不舒服。

下面我們就來研究一下雨滴落在地面上時的速度大概是多少。首先來解釋一下雨滴等速下落的原因。

我們前面說過,物體所受到的空氣阻力隨物體速度的增大而迅速增大,所以雨滴下落時所受到的空氣阻力在整個下落過程中並不相等。在雨滴最初降落的那個瞬間,下落的速度非常小,這個時候,雨滴所受的空氣阻力也非常小,可以忽略不計。接著,雨滴下落的速度開始增加,這時空氣阻力也開始迅速增加,但空氣阻力依舊小於雨滴所受的重力,所以雨滴仍是加速下落的,只是在此時加速度要比自由落體的加速度小。之後,空氣阻力越來越大,加速度也就越來越小,直到某一時刻,加速度變成了零。之後,雨滴就變成了等速運動。等速運動時,速度不增加,所以空氣的阻力也就不再增加,這樣雨滴就一直處於受力平衡狀態,保持等速運動。

由此可見,從足夠高的位置下落的物體如果受到空氣阻力的作用,那麼從一定的時刻起,它一定能開始進行等速運動。只是對於雨滴而言,達到等速運動的這個時刻比較早。經過測量我們知道,雨滴落到地面時的速度非常小。0.03mg 的雨滴是以 1.7m/s 的速度落到地面的,20mg 的雨滴落到地面時的速度則增加到 7m/s,而對於最大 200mg 的雨滴落地時的速度卻只有 8m/s。

第七章　工程中的力學

　　如圖 7-11 所示，就是測量雨滴落地時速度的儀器。這種儀器有兩個緊緊地裝在同一根垂直軸上的圓盤。其中，位於上方的圓盤上有一條狹窄的扇形縫，位於下方的圓盤上鋪著吸墨紙。

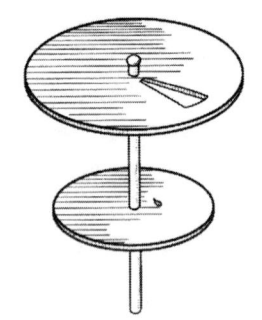

圖 7-11 測量雨滴速度的儀器

　　當測量雨滴速度時，我們只需要用傘遮著把這個儀器放到地上，並讓它以較快的速度轉動，然後將傘拿開。這時，雨滴會透過上方圓盤的扇形縫落到下方的圓盤上。當雨滴落在下方圓盤上時，由於兩個圓盤已經轉過一個角度，所以雨滴的落點會稍微偏移一些，而不在扇形縫的正下方。由於我們知道兩個圓盤之間的距離以及圓盤轉動的速度，也可測量到雨滴落在下方圓盤上的實際位置與從扇形縫正落在下方圓盤上的位置，所以根據這兩個位置間的距離很容易就能計算出雨滴下落的速度。例如，當轉盤轉動的速度為 20r/min，兩個圓盤之間的距離是 40cm，雨滴的落點與扇形縫正下方的位置相比落後了圓周長的 1/20，那麼雨滴走過兩個圓盤之間的

距離所花的時間也就是每分鐘能轉動 20 轉的圓盤轉出一週的 1/20 所需要的時間，也就是說，雨滴下落 0.4m 所用的時間是 0.15s。

$$\frac{1}{20} \div \frac{20}{60} = 0.15s$$

據此，很容易就能求出它下落的速度

0.4÷0.15 ≈ 2.7m/s

即雨滴下落的速度約是 2.7m/s。利用類似的方法我們還能求出槍彈射出的速度。

這個儀器除了能測量出雨滴的速度之外，還可以測量出雨滴的質量。測量雨滴的質量時，所依據的主要是下方圓盤的吸墨紙上的溼跡的大小。對於每平方公分吸墨紙所能吸收的水的量我們需要事先測定。

雨滴下落的速度跟它本身的質量存在如下關係。

雨滴質量／mg	0.03	0.05	0.07	0.1	0.25	3	12.4	20
半徑／mm	0.2	0.23	0.26	0.29	0.39	0.9	1.4	1.7
下落速度／(m/s)	1.7	2	2.3	2.6	3.3	5.6	6.9	7.1

水的密度要大於冰雹的密度，但是冰雹下落的速度要比

第七章　工程中的力學

雨滴大。這是因為物體下落的速度與物體本身的密度並沒有太大關係。冰雹下落的速度比雨滴大是因為冰雹的顆粒比較大。但是，即便是顆粒大的冰雹，在接近地面的時候也是等速下落的。

榴霰彈內裝有一種直徑大約為 1.5cm 的小鋼珠，從飛機上投下的小鋼珠基本不會傷害到我們，它們甚至連棒球帽都不能擊穿。這是因為這些小鋼珠在接近地面的時候也是以非常小的速度等速下落的。但是從同樣高度投下的鋼箭卻有著非常可怕的威力，它甚至能穿透人的身體。這是因為鋼箭的截面應力要比小鋼珠大得多，也就是說鋼箭的每平方公分截面積上平均得到的質量要比小鋼珠大許多，因此鋼箭克服空氣阻力的能力就比小鋼珠強得多。

在人造衛星繞地球執行的過程中，由於它總是在無規則地翻轉，所以它與運動方向垂直的橫截面的面積總是在變化，也就是說，它的截面應力一直在發生變化。只有當人造衛星為球形結構時，截面應力才能一直保持不變。觀測球形衛星的運動能夠幫助我們研究高空的大氣密度。

第八章　天體運行的力學

　　天體是複雜的、無限的，至今人們還沒有完全弄清它的構造和執行規律，各國科學家正在研究探索之中。人類生存是離不開天體運行的，現就人們生活中常見的一些天體運行現象作些簡略介紹，使讀者大致了解它的構造和運行的情況，為自己的生活、學習、研究奠定必要的力學和天文學基礎。

第八章　天體運行的力學

8.1　先來認識一下地球

　　宋代著名文學家、書畫家蘇東坡，有一首七言絕句廣為流傳。原詩是這樣的：「橫看成嶺側成峰，遠近高低各不同。不識廬山真面目，只緣身在此山中。」借用這首詩來描寫人們對地球的看法也是很適合的。「不識地球真面目，只因身在地球中。」人們從太空站看地球，可以看見地球是一個極大的球體。對於任何一個普通人來說，我們每天能見到的只是地球表面的局部。即使是一座大山，我們身臨其中，也無法看清它的全貌，更何況是整個地球呢？任何一座山相對於地球而言，那都是微小的。

　　以前，我們對地球的認知只是平坦的大地和起伏的山巒，很難一眼看出地球是一個球體。我們現在藉助人造地球衛星和航太設備才真正直觀地拍下了地球的照片（圖 8-1），從而看到了地球的「真面目」。

圖 8-1 從衛星上看地球

8.1 先來認識一下地球

在此之前，生活在地球上的人們，是很難想像出地球的形狀的。但是，仍然有善於觀察和勤於思考的人，很早就提出大地可能是球形的，並有人證明了地球是球形的。

1. 最先指出地球是圓球的人

最先指出地球是一個圓球的人，是古希臘著名的哲學家和數學家畢達哥拉斯。他出生在愛琴海薩摩斯島的貴族家庭，年輕時曾在名師門下學習幾何學、自然科學和哲學。畢達哥拉斯後來就到義大利的南部傳授數學並宣傳他的哲學思想，還和他的信徒們組成了一個被叫做「畢達哥拉斯學派」的團體。畢達哥拉斯還是勾股定理（又稱商高定理、畢達哥拉斯定理）的首位西方發現者。

圖 8-2 畢達哥拉斯

古希臘的航海發達，人們經常會在海港遙望出海帆船歸來。畢達哥拉斯從歸航的船隻總是先露出桅桿尖，然後是船帆，最後才是船身，推論得出地球應該是球形的。

第八章　天體運行的力學

在畢達哥拉斯之後，著名的古希臘哲學家亞里斯多德也提出了「地球形狀的證據」，包括推理和觀察兩個部分。

從推理的角度，亞里斯多德說認為，地球必定是球形的。因為地球的每個部分都有重量，因此，當一個較小部分被一個較大部分推擠時，這較小部分不會被推開，而是同它緊壓和合併在一起，直到它們到達中心為止。要理解這個話的意義，我們必須想像地球處在生成的過程中，就像有些自然哲學家所說的那樣。只不過他們認為，向下運動是由外力造成的；而我們寧可說，向心運動是因為有重量的物體的本性產生的。

圖 8-3 亞里斯多德

如果所有微粒從四面八方向一點（即中心）運動，那麼結成的一團在各方面必定是一樣的。因為，如果在周圍各處加上相等的量，那麼極端與中心之間必定是個固定數。這樣的形狀當然是一個球。

8.1 先來認識一下地球

這段話的意思是說,地球在形成過程中,以一個中心點為地核,四周的微粒向中心聚集,這個過程的結果一定是形成球體。

這當然只是一個推理,但也幾乎猜測到了宇宙中物質在大爆炸後高速飛散的同時,也產生出一些高速自轉的團塊,最終形成星球的過程。

從觀察的角度,亞里斯多德認為,如果地球不是球形,那麼月食時就不會顯示出弓形的暗影,而這弓形的暗影確實存在。觀察星星也表明,地球不僅是球形的,而且體積不大,因為我們向南或向北稍微改變我們的位置,就會顯著地改變地平圈的圓周,以致我們頭上的星星也會大大改變它們的位置。因而,當我們向南或向北移動時,我們看見的星星也不一樣。

且不說亞里斯多德的推理是否嚴謹,他關於地球是球形的結論顯然是正確的。而這種天象觀測,則是古代人類一項長期的工作。人類透過對日、月、星星執行規律的觀測,多少已經窺見到了地球的身影。

西元 1519 ～ 1522 年,航海探險家麥哲倫的船隊經過 3 年航行,繞地球一週回到了他們的出發地西班牙,這才以實際行動真正證明了地球是球形的推斷。

人物簡介:亞里斯多德(西元前 384 年～前 322 年 3 月 7

第八章　天體運行的力學

日），古希臘哲學家，柏拉圖的學生、亞歷山大大帝的老師。他的著作包含許多方面，包括了邏輯學、形而上學、政治學、倫理學，以及自然哲學。和柏拉圖、蘇格拉底（柏拉圖的老師）一起被譽為「希臘三賢」。亞里斯多德的著作是西方哲學的第一個廣泛系統，包含道德、美學、邏輯和科學、政治和玄學。

2. 最先測量地球大小的人

埃拉托斯特尼（Eratosthenes）是古希臘傑出的數學家、天文學家和地理學家，他不僅相信地球是球形，而且利用當時的數學和幾何學知識測算出了地球的周長。他在《地球大小的修正》一書中，描述了他對地球大小的測量過程。根據他的測量和計算，地球的周長約為 39,690km，這與現代測得的 40,075km 極為接近。讓他產生這一誤差的原因是地球不是一個標準的正球體，而是兩極稍扁、赤道略鼓的不規則球體。

關於地球圓周的計算是《地球大小的修正》一書的精華部分。在埃拉托斯特尼之前，也曾有不少人試圖對地球的周長進行測量估算，如歐多克索斯（Eudoxus）。但是，他們大多缺乏理論基礎，計算結果很不精確。埃拉托斯特尼天才地將天文學與測地學結合起來，第一個提出設想在夏至日那天，分別在兩地同時觀察太陽的位置，並根據地面上物體陰影之間的長度差異加以研究分析，從而總結出計算地球圓周

的科學方法。這種方法比自歐多克索斯以來習慣採用的單純依靠天文學觀測來推算的方法要完善和精確得多,因為單純天文學方法受儀器精度和折射率的影響,往往會產生較大的誤差。

圖 8-4 埃拉托斯特尼

埃拉托斯特尼是如何測算出地球周長的呢?道理很簡單。他認為,如果地球是圓的,那麼太陽照到地面上不同地方與地面垂線的夾角就是不同的。埃及有個叫亞斯文的小鎮,那裡有一口井,夏至這天的陽光可以直射井底,代表陽光垂直於地面(這一現象聞名已久,吸引著許多旅行者前來觀賞這一奇特的景象),太陽在夏至日正好位於天頂,這時在地面插好一根垂直地面的木桿會沒有影子。他意識到這可能幫他測出地球的周長,於是他在夏至這天中午在亞歷山卓選擇了一座很高的方尖塔作為標準,測量了方尖塔的陰影長度,這樣他就可以量出直立的方尖塔和太陽光射線之間的角度。獲得了這些數據之後,他運用數學定律,即一條射線穿過兩條平行線時,它們的對應角相等,可以知道太陽射到亞

第八章　天體運行的力學

斯文與亞歷山卓兩地之間對應的兩條射線的夾角與亞歷山卓方尖塔與太陽光線間的夾角是相等的。埃拉托斯特尼透過觀測得到了這一角度為 7°12'，即相當於圓周角 360°的 1/50。由此表明，這一角度對應的弧長，即從亞斯文到亞歷山卓的距離，應該相當於地球周長的 1/50。埃拉托斯特尼藉助於皇家測量員的測地數據，測量得到這兩個城市的距離是 5,000 希臘里。測得這個數值以後，用它乘以 50 即可得地球周長，這樣就很容易地得出地球的周長為 25 萬希臘里。

為了符合傳統的圓周為 60 等分制，埃拉托斯特尼將這一數值提高到 252,000 希臘里，以便可被 60 整除。埃及的 1 希臘里約為 1,575m，換算為現代的公制，地球圓周長約為 39,690km，這個數值與地球實際周長 40,075km 很相近。

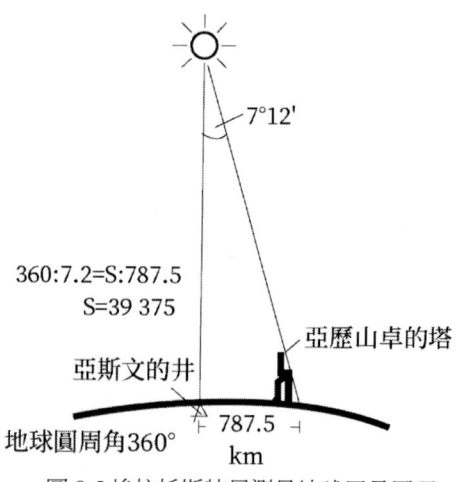

圖 8-5 埃拉托斯特尼測量地球周長原理

由此可見，埃拉托斯特尼巧妙地將天文學與測地學結合起來，測量出地球周長的數值。這一測量結果出現在 2,000 多年前，的確是非常了不起的。

8.2 地球的自轉與公轉

我常常想，地球在不停地運轉，為什麼每個地區的氣候基本上都是原來的老模樣？為什麼不隨地球的運轉而隨時隨刻在變化呢？原來宇宙空間是處在真空狀態的，地球帶著自己的大氣層一起在真空中執行，沒有「物質」與之產生摩擦，這樣地球就永遠不會停下來，地球上面的氣候也不會隨地球運轉而隨時隨刻在變化。

前面講了，宇宙空間是真空的，地球帶著自己的大氣層一起在真空中執行，沒有「物質」與之產生摩擦，但這不等於地球沒有受到力的影響。這裡所說的力不單指萬有引力。

科學家發現了一些跡象，表明地球實際上不像我們原來所想的那樣永遠按恆定的速率等速自轉和公轉。細心的科學家透過一些間接的證據，發現地球的自轉和公轉速率並不是完全固定的。這是怎麼回事呢？

在海洋中有一種珊瑚蟲，它的生長過程和樹木的年輪相

第八章　天體運行的力學

似。珊瑚蟲每天有一個生長層，夏日的生長層寬，冬日的生長層窄。古生物學家透過對珊瑚蟲體壁的研究，辨識出現代珊瑚蟲體壁有 365 層，正好是一年的天數。但是，距現在 3.6 萬年前的珊瑚蟲化石的年輪則為 480 層，也就是說，3.6 萬年前的一年是 480 天。按此進行推算，1.3 億年前，一年為 507 天。這說明地球在環繞太陽的公轉過程中，其自轉的速度正在變慢。

令人困惑的是，科學家同時也發現了相反的證據。

這要從一種叫做「鸚鵡螺」的軟體動物說起。鸚鵡螺在古生代幾乎遍布全球，但現在基本絕跡了，只剩在深海裡還存在著一些鸚鵡螺。在這種動物的外殼上，有許多細小的生長線，每隔 1 晝夜出現 1 條，滿 30 條就有 1 層膜包裹起來形成 1 個氣室。每個氣室內的生長線數正好是現在 1 個月的天數。也就是說，這種動物有很好的日曆同步性，與前面所說的珊瑚蟲有異曲同工之妙。

圖 8-6 鸚鵡螺

古生物學家又對不同時代地層中的鸚鵡螺化石進行分析，發現 3,000 萬年前，每個氣室內有 26 條生長線；7,000 萬年前為 22 條；1.8 億年前為 18 條；3.1 億年前為 15 條；到 4.2 億年前就只有 9 條了。因而，有些科學家認為，地球隨著年齡的增加，其自轉速度正在加快。

但是，發現這個規律的科學家當時的解讀完全不同。1996 年，《中國剪報》上轉載了一篇文章，講述了鸚鵡螺化石的故事：「最近，美國兩位地理學家根據對鸚鵡螺化石的研究，提出了一個極為大膽的見解，月亮在離我們遠去，它將越來越暗。這兩位科學家觀察了現存的幾種鸚鵡螺，發現貝殼上的波狀螺紋具有樹木一樣的效能。螺紋分許多隔，雖寬窄不同，但每隔上的細小波狀長線在 30 條左右，與現代 1 個朔望月（農曆的 1 個月）的天數相同。觀察發現鸚鵡螺的波狀生長線每天長 1 條，每月長 1 隔，這種特殊生長現象使兩位地理學家得到極大的啟發。他們觀察了古鸚鵡螺化石，驚奇地發現，古鸚鵡螺的每隔生長線數隨著化石年代的上溯而逐漸減少，而相同地質年代的卻是固定不變的。研究顯示，新生代漸新世的螺殼上，生長線是 26 條；中生代白堊紀是 22 條；中生代侏儸紀是 18 條；古生代石炭紀是 15 條；古生代奧陶紀是 9 條。由此推斷，在距今 42,000 多萬年前的古生代奧陶紀時，月亮繞地球 1 周只有 9 天。地理學家又根據萬有引力定律等物理原理，計算了那時月亮和地球之間的距離，得到

第八章　天體運行的力學

的結果是，4億多年前，距離僅為現在的43％。科學家對近3,000年來有記錄的月食現象進行了計算研究，結果與上述推理完全吻合，證明月亮正在離開地球遠去。」

由於海洋受月球引力影響而產生的潮汐，可能對鸚鵡螺的生長也有影響，因此，鸚鵡螺化石中的生長線與月球有關比較可信，而不是與地球的自轉有關。這樣，說地球的自轉變快了，也就沒有了根據。而說地球以前自轉比現在快，則是很有可能的。

8.3　地球轉速與時間的關係

提到地球轉速，一定要說到時間，因為地球轉速是確定時間的基本參照物。以自轉1圈為1天，公轉1圈為1年，由此細分出小時（h）、分鐘（min）和秒（s）等。

我們所說的地球轉速指的是角速度，並且以單位時間的轉數來表示。這樣就可以透過測量一轉的時間來比較轉速的變化。

鐘錶的發明，使人們可以準確地記錄時間。而石英鐘的發明，使人們能更準確地測量和記錄時間。但是這些時鐘用來研究天文學中的計時，還是顯得不夠精確，現在已經用原

子鐘來替代格林威治標準時間,以適應資訊化時代對時間計量的新要求。

現代銫原子鐘(最普通的類型)可實現的長期精度高於每100萬年誤差1秒。氫原子鐘的短期(1周)精度更高,大約是銫原子鐘精度的10倍。因此,與透過天文學技術進行的時間計量相比,原子鐘將這種計量的精度提高了約100萬倍。

透過原子鐘計時觀測日地的相對運動,發現在1年內地球自轉存在著時快時慢的週期性變化:春季自轉變慢,秋季加快。

我們知道地球是以24小時1轉為1天的時間的,但精確地測量下來,地球自轉週期是23小時56分4秒。由於地球自轉速度一直在減慢,中原標準時間2017年1月1日7時59分59秒出現了1次閏秒,這是自1972年原子鐘被指定為國際計時系統以來進行的第27次閏秒,50年來地球已不知不覺地慢了27秒。閏秒雖然對老百姓的日常生活影響不是十分明顯,但它與以精密時間為尺度進行科學研究、實驗和生產的活動關係重大。

科學家經過長期觀測認為,引起這種週期性變化的原因與地球上的大氣和冰的季節性變化有關。此外,地球內部物質的運動,如重元素下沉、向地心集中,輕元素上浮,岩漿噴發等,都會影響地球的自轉速度。

第八章　天體運行的力學

除了地球的自轉外,地球的公轉也不是等速圓周運動,這是因為地球公轉的軌道是一個橢圓,遠日點與近日點相差約 500 萬公里。當地球從遠日點向近日點運動時,離太陽越近,受太陽引力的作用越強,速度越快。由近日點到遠日點時則相反,執行速度減慢。

還有,地球自轉軸與公轉軌道並不垂直;地軸也並不穩定,而是像一個陀螺在地球軌道面上做圓錐形的旋轉運動。地軸的兩端並非始終如一地指向天空中的某一個方向,如北極點,而是圍繞著這個點不規則地畫著圓圈。地軸指向的這種不規則,是地球的運動所造成的。

科學家還發現,地球運動時,地軸在空中畫的圓圈並不有序。就是說,地軸不是沿圓周移動,而是在圓周以外做週期性的擺動,擺幅為 9″。地球的這種軸向擺動使地球各部位接受陽光照射的時間也產生波動,這也是地球氣候冷暖發生週期性變化的原因之一。

地球的這些運動中的微小波動,是在以太陽引力為主的作用下,與其他幾個鄰近地球的行星(金星和火星)和月球的相互引力作用下,加上地球自身狀態的呼應下,共同形成的。

由此可以看出,地球的公轉和自轉是許多複雜運動的組合,而不是簡單的線速度或角速度變化。地球在這漫長的歲

8.3 地球轉速與時間的關係

月中,搖搖擺擺地繞太陽運動著,同時也「顫顫巍巍」地自己旋轉著,承載著地球上幾十億人的命運,繼續在宇宙中旅行。

因為地球除了自轉和公轉外,還隨太陽系一同圍繞銀河系運動,並隨著銀河系在宇宙中飛馳。地球在宇宙中持續運動,幾十億年來總體上看似一如既往,實際上卻發生著微妙的變化。例如,地球上分子的演化,從無機到有機,從低分子到高分子,從有機高分子到生命,從低階生命到高級生命,從動物到人類,這一運動過程仍在頑強地進行中,不會輕易停止。

還有一個問題,也是人們常常會想到的,那就是地球運動需要消耗能量嗎?如果需要消耗能量,這麼漫長的時間裡,地球所消耗的能量又是從何而來的?如果不需消耗能量,那它是「永動機」嗎?

回答是肯定的,地球的運動需要消耗能量。那能量來自何處呢?

地球的運動,只是整個宇宙和天體運動的一部分,這個運動從宇宙大爆炸的那一刻就開始了,並且一直到今天都沒有停止,也不可能停止。對於宇宙來說,運動就是一切,靜止是相對的,運動是絕對的。但是,要維持無邊無際的宇宙中所有天體的持續高速運動,需要多大的能量呢?

第八章　天體運行的力學

早在 1930 年代，天文學家就發現，為了使宇宙中的星系團保持高速運動，並且不發生崩潰，它們所擁有的質量必須比科學家實際所觀測到的質量大得多。為了解釋這一現象，天文學家認為宇宙中一定有一種物質，可以向運動中的星系提供能量，只是人們很難發現它。天體物理學家由此提出了暗物質理論。

這個概念超出了我們常識中關於物質的認識，需要發揮一下想像力來理解。

8.4　地球為什麼不是正球體而是橢球體？

很多人都曾誤解，認為地球是一個標準完美的正球體。儘管地球看上去很像正球體，但從嚴格的幾何角度來講，地球並不是一個正球體。正球體一定具有統一的半徑，而地球只是一個赤道略鼓，兩極稍扁的橢球體。

我們知道，地球的半徑是隨著緯度增加而縮短的。赤道半徑是地球上最長的半徑，有 6,378.2km，而南北極圈的半徑只有 6,356.8km。由此看來，地球確實是一個橢球體。

8.4 地球爲什麼不是正球體而是橢球體？

圖 8-7 地球是個赤道略鼓兩極稍扁的橢球體（示意圖）

地球為什麼會是橢球體呢？這要從地球的自轉開始說起。地球無時無刻不在進行著自轉。當地球自轉時，會對地球上的河流、高山產生一個強大的吸引力。在這種吸引力的影響下，水往低處流，大海的海面緊緊貼在地球表面。

然而，如果只有地球自身吸引力的作用，地球應該是一個正球體。而真正決定地球形狀的是地球自轉時產生的慣性離心力。地球上各部分所產生的慣性離心力是不同的，作用力的大小和距離地軸的遠近呈正比關係。距離地軸越遠的地方，產生的慣性離心力越大。此外，地球上各點自轉角速度越大，產生的慣性離心力也越大。

赤道區域距離地軸比兩極遠得多，自轉角速度也比較大，因此赤道區域所產生的慣性離心力也比兩極大。慣性離心力一般都有指向赤道水平方向的力。這樣一來，從赤道地區到兩極地區，慣性離心力呈遞減規律。而且，在慣性離心

219

第八章　天體運行的力學

力作用下,兩半球的海水流向慣性離心力最大的赤道附近。這樣的直接影響是,兩極的海面下降,赤道的海面上升。於是,地球的赤道部分就突出很多,這促使地球成為一個兩頭扁、中間突出的橢球體。

假如能夠隨意地從地球內部穿過,那麼,你一定會驚奇地發現,地球內部的構造竟然是如此複雜。在地球深處的地核附近,有高溫熔融的海洋,地核的溫度大概在4,000～6,800℃。儘管有人不相信,但事實確實是如此。

地心溫度為什麼如此之高呢?這要從地球的內部構造說起(圖8-8)。地球的最外層是地殼,地殼厚薄不一,海洋地殼薄,一般為5～10km;大陸地殼厚,平均厚度為39～41km,有高大山脈的地方地殼會更厚,最厚達70km,目前人類能探及到的深度也只到地殼部分。在地殼下面,是深厚的地幔,它大約有2,865km厚。科學家經過研究認為,地幔中至少有一部分是柔軟的,因為在靠近地核一側與地幔連結的部分是液體熔岩。

地幔下面是地核,這部分由非常堅硬的物質組成。地核溫度極高,約為4,000～6,800℃。這使得地核的外層呈現液態,裡面主要是熔融狀態的金屬物質。而地核附近之所以出現這樣的高溫,關鍵就在於以下幾個方面。

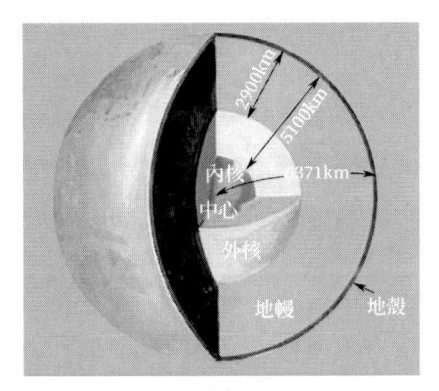

8.4 地球為什麼不是正球體而是橢球體？

圖 8-8 地球內部構造示意圖

　　首先是地球引力因素的影響。所有物體都會受到地球的引力影響，對地球施加壓力，地球內部的物質也是如此。在壓力作用下，地球內部物質的溫度會升高。越往地球內部的位置，形成的壓力越大。地核物質在高壓下產生大量的熱量。

　　再者是地球內部的放射性元素衰變的作用。早在地球形成時期，地球內部就有大量的天然放射性元素。地球內部的放射性元素會釋放粒子，生成熱量，熔化了地核物質。

　　最後就是地殼運動的重要作用。地球內部的地殼活動非常活躍，在地殼活動的過程中，會釋放出巨大的能量產生熱。地核又分為核心與外核兩部分。地球內部越接近地核，溫度越高，地球中心點的溫度據科學家推測約為 6,000°C。

第八章 天體運行的力學

8.5 地球真的可以被撬起嗎？

大家都知道，古代力學家阿基米德的一句名言：「給我一個支點，我就能撬起整個地球。」他在給敘拉古國王希倫的信中又補充道：「如果還有另一個地球，我就能踏到它上面把我們這個地球搬動。」

在阿基米德看來，只需將外力施加到長臂上，將短臂作用於物體，就能撬動任何重量的東西，例如他認為用雙手去壓槓桿就可撬起地球。

圖 8-9 阿基米德設想用槓桿將地球撬起來

可是他卻忽略了一個重要的地方，那就是地球的質量，即使我們有能力找到「另一個地球」做支點，又幸運地做成了一根足夠長的槓桿，那麼以地球的質量來說，我們究竟要用多長時間才能撬起哪怕只有 1cm 的高度呢？答案是至少要用 30 兆年！

其實，地球的質量是可測算的，大約為 $6×1024$kg。

我們知道要想抬起重物，就必須對長力臂施力，讓短力臂作用於物體，而這長力臂和短力臂的長度比值應為 $1×1023$。

因此短力臂每抬高 1cm，長力臂相應的就會在宇宙間畫出長約 $1×1018$km 的弧線。那麼我們來算算阿基米德把地球抬高 1cm 需要耗多少時間？首先我們假設他每將 60kg 的重物抬高 1m 用時為 1s，那麼他至少得花費 $1×1021$s，也就是 30 兆年的時間才能把地球抬高 1cm。

如此這般，阿基米德窮其一生恐怕也無法將地球抬高至我們肉眼所能看到的高度。

8.6　我們為什麼感覺不到地球的轉動？

地球處於一刻不停的自轉狀態下。我們知道，地球自西向東轉，自轉一週的時間大約為 24 小時，也就是我們說的一天。但是你知道嗎？這樣的旋轉並不是一成不變的，地球的自轉速度是處於變化之中的。

根據科學家的研究，地球在形成的初期，旋轉速度要比

第八章　天體運行的力學

現在快得多。據推測,當時地球赤道附近的自轉速度大約為 6,400km/h,也就相當於一天只有 6 個小時。那時候,月球與地球的距離也比現在近得多。幾十億年來,月球離地球的距離在增加,月球的萬有引力作用在地球的海洋上,形成了潮汐現象,海浪波動使地球自轉速度減緩。由於這一系列因素的影響,科學家推斷,大約每過 100 年,地球上一天的時間將增加半分鐘。

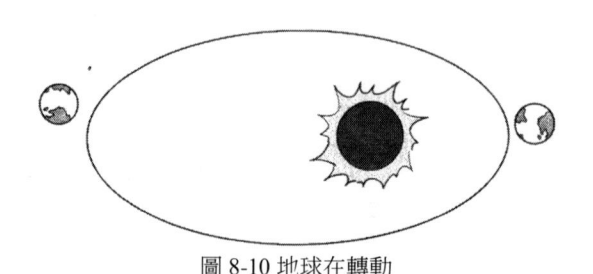

圖 8-10 地球在轉動

　　地球時刻處於轉動中,但是為什麼我們一點都感覺不到呢?如果我們乘船,會很容易感到船在行進,是因為運動速度的原因嗎?很明顯不是,以地球自轉的速度來說,地球在赤道上的速度達到 464m/s,這種轉速足以讓人大吃一驚,絕不是行船可以比的。

　　那麼為什麼我們感覺不到地球的轉動呢?原因在於,當我們乘船在水上航行的時候,隨時可以看到兩岸的景物迅速地向後倒退,於是,我們便可以明確意識到船在向前行進。我們之所以能夠感覺到物體的移動,是因為旁邊有相對靜止

的物體當作參照物。相反，如果看不到相對參考系靜止的物體，運動又足夠平穩，便會覺得自己是靜止的，感覺不到自己身處運動之中。

由於我們身邊的一切事物都隨著地球一同轉動，所以它們並不能作為參照物，以幫助我們覺察到地球的轉動。嚴格說來，參照物也不是完全沒有，夜空中的星星便是。只不過它們太過於遙遠，在一段時間內，我們是看不出它們位置在移動的。這就是我們感覺不到地球轉動的原因。

不過，我們還是可以從一些地方看出地球是在運動的。比如，每天太陽和月亮的東昇西落就是由於地球轉動才發生的現象。

8.7　太陽為什麼也自轉？

我們知道，地球要繞著地軸自轉，形成白晝與黑夜，還要圍繞太陽公轉，週期是365天多一點。在我們的印象裡，被稱為恆星的太陽是靜止不動的。實際上，這是一個誤解，太陽也是運動著的。

太陽和地球有著相似的地方，那就是太陽也會自轉。並且，天文學家認為太陽會「脈動」，意思就是它的體積會有節

奏地膨脹和收縮，大約每 5 分鐘振動一次。至於太陽為什麼會脈動，雖然原因目前尚不明確，但有科學家推測，這種有規律的膨脹和收縮是由穿過太陽的複雜音波引起的。

更有意思的是，太陽會橫穿太空，而圍繞其旋轉的行星也會跟著它在太空中旅行。

太陽為什麼自轉呢？原因和行星自轉基本上一樣。在 46 億年前，太陽和地球以及其他行星，由旋轉的氣體和塵埃雲團演變為一個個天體。太陽系自誕生以來就是運動著的。由於太陽實際上是一個氣體球，與地球不同，所以它的自轉也有其特別的方式。而且，太陽的不同部分可以以不同的角速度旋轉。比如，太陽的中間部分與兩極部分的自轉週期就相差很大。

8.8　太陽系中的行星為什麼都在公轉？

在太陽系中，所有的行星都在一刻不停地圍繞著太陽轉動。是什麼促使它們不停地做公轉運動呢？它們開始公轉的起點又在哪裡呢？

8.8　太陽系中的行星為什麼都在公轉？

想要搞清楚這個問題，恐怕要追溯到太陽系開始形成的時期才行。太陽系是大量氣體和塵埃在重力的作用下慢慢聚集，進而形成的一個巨大的球體，之後經歷爆發而成。具體過程大概就是：塵埃聚集，粒子互相撞擊，球體的中心溫度越來越高。當溫度足夠高時，便最終形成了太陽。隨著溫度的持續升高，太陽達到了一個臨界點。於是，太陽變成了「導體」。表面的燃燒導致氣體和塵埃脫離了太陽，這些塵埃便是行星最基本的物質結構。

對於行星的公轉，有一條運動定律，名叫「角動量守恆定律」。在這裡我們可以簡單理解為，當旋轉物體逐漸變小時，它會旋轉得越來越快。這樣的例子我們經常見到，電視裡的花樣滑冰選手環抱雙臂緊貼身體時，旋轉速度會變得很快。這樣的規律同樣適用於塵埃和氣體，任何正在旋轉的物體，當它的體積變小，旋轉得都會越來越快。太陽在旋轉狀態下，周圍會形成一個圓盤，行星便來自於這個圓盤。這就可以很好地解釋，行星為什麼會一直在固定的平面軌道上圍著太陽轉，並且，來自銀河系的每個物體都在公轉。

第八章　天體運行的力學

8.9　太陽爲什麼能使行星按軌道執行？

　　科學家認為，萬有引力是世界上最神祕的力。若是沒有萬有引力的作用，八大行星也許早就散落在宇宙各處了。而且若是沒有萬有引力使物質之間彼此吸引，行星根本就不會形成。

　　太陽的萬有引力是巨大的，控制著太陽系的其他天體沿著圓形軌道圍繞著它旋轉。試想若沒有太陽的引力，這些天體可能會沿著直線運動。

　　不過，萬有引力隨距離的變化是非常明顯的。打個比方，如果將地球距太陽的距離拉遠至目前的兩倍遠，那麼，太陽對地球的引力將縮小為原來的1/4。以此類推，如果距太陽足夠遠，就可以擺脫太陽的吸引。試想一下，如果宇宙的範圍超過了天體之間萬有引力的作用範圍，天體之間將不再受到約束。所以，有理論認為，是萬有引力塑造了宇宙。

8.10　太陽與地球的關係是什麼？

　　正如我們上面所說，如果沒有太陽引力的存在，地球將飛向一個未知的空間，那麼這將是多麼可怕的現象。假設我

們能用一根巨大的繩索拴住太陽和地球，以此來代替這種引力的話，那麼我們需要製造 200 萬根直徑 5km，橫截面約有 2,000 萬平方公尺的碩大鋼柱，才能承受約 2,000 億噸的拉力，勉強使得太陽和地球不致完全脫離。

這樣 200 萬根鋼柱如果全部插上，那將是一片鋼柱的森林。而在這個森林裡的每一根鋼柱間的間隙只有略大於鋼柱的直徑，才能相當於太陽和地球間的引力。這麼大引力卻只能夠讓地球以 3mm/s 的速度偏離運行軌道切線，因此質量大的物體間引力也是很大的，而地球和太陽的這個例子也在引力作用範圍之內，這更佐證了地球的質量之大。

8.11　月球為什麼離我們越來越遠？

你知道嗎，月球正在慢慢地遠離我們，大約每年遠離地球 3.8cm。幾萬年之後，地球上的人們看到的月球將比今天的小許多。圖 8-11 是目前人們探測到的月球表面情況。

圖 8-11 月球表面情況

第八章　天體運行的力學

任何運動的物體都有維持直線運動的趨勢，這種性質叫做慣性。所以，做圓周運動的物體總有「逃離」的趨勢，也就是脫離圓形軌道向著切線方向筆直地飛出去，這個力就叫做離心力。所以，圍著地球旋轉的月亮也有遠離地球的趨勢。但它受到的離心力剛好與地球對它的萬有引力相平衡，所以它才能一直都待在軌道上。

目前，月球圍繞地球公轉一週的時間是 27 天。但是 20 多億年前，它繞地球轉一週僅僅需要 17 天。那時候，月球離地球比現在要近得多。那時的月球，在地球上看起來像是地平線上的一個巨大的圓盤。

隨著軌道慢慢變大，年復一年，月球就離我們越來越遠了。雖然這個變化是非常微小的，但是日積月累，幾百萬年以後，月球也許會最終脫離地球的引力場，進入它自己繞太陽轉動的軌道。當然，這種情況出現的可能性極其微小。

8.12　土星為什麼由光環圍繞？

說起土星，讓人印象最深刻的一定是它那獨特的光環了，這可是太陽系裡最壯觀的景色之一呢！西元 1610 年，伽利略第一個觀測到了土星環。由於當時望遠鏡的限制，伽

8.12 土星為什麼由光環圍繞？

利略只是認為土星周圍像是有兩隻耳朵狀的物體。直到 1655 年，荷蘭一位天文學家使用更精密的天文望遠鏡再次觀察了土星時，才發現圍繞土星的是一個美麗的圓環（圖 8-12）。

圖 8-12 土星

土星環閃爍著來自太陽的光芒，顯得分外耀眼。這樣耀眼的土星環實際上主要是由冰組成。這些大小不一的冰塊以 6×10^4 km/h 的速度繞土星旋轉。從遠處看，它們組成了完整的光環。

那麼，土星環是怎樣形成的呢？對這個問題的解釋可謂眾說紛紜，有兩種說法的呼聲最高。一種觀點認為，組成光環的物質是土星的衛星受到撞擊後造成爆炸而遺留下來的。另一種觀點則認為，某些彗星運動得離土星太近，受土星的引力作用，最終瓦解成為碎片，組成了光環。

天文學家認為，與土星相鄰的某些小衛星，如果受到撞擊，或者爆炸後形成的碎片很有可能會加入土星環。如果有一天能夠採集土星環上的物質進行研究，這一觀點便能很好被驗證了。

第八章　天體運行的力學

土星雖然特別，但它卻不是太陽系中唯一擁有環狀結構的行星。木星、天王星、海王星都有不同的環狀結構。之所以沒有土星那麼引人注目，是因為它們的星環比較薄，並且不發光。

8.13　星星為什麼掉不下來？

仰望星空，俯瞰大地。在地球上，天空與大地的方位對於我們來說就是「上」與「下」。在我們的意識裡，常認為向上運動的東西會掉下來。所以，當我們看見高掛在夜空中的星星，就會忍不住疑惑，為什麼它們掉不下來呢？

首先，我們所說的「上」、「下」實際上並不絕對。物體落到地面上，我們自然認為這是向下的運動。但是，當我們脫離地球這一範圍，進入宇宙空間，「上」、「下」這樣的方位詞就失去了本來意義。當我們處於在太空裡，根本沒法說什麼方位是上或者下。你一定在電視裡看到過，宇宙飛船裡的太空人失去了重力作用，可以在飛船裡隨意行走。我們可以得出的結論就是，在不受重力影響的情況下，向上或向下沒有任何意義。只有當宇宙飛船準備著陸時，飛船才會被拉回重力場。

每顆恆星或者行星都有引力場,太陽系就是靠著這種引力維持著八大行星的正常運轉。

大多數恆星都離地球太遙遠了,它們與地球之間的萬有引力極為微弱。不過,假設有恆星靠近地球,也不會掉到地球上來,地球反而會飛向恆星。因為一般恆星的質量都比地球大得多。

所以,恆星不會墜落在地球上。但是有時確實也有一些石質或者冰質的天體被地球引力吸引到地球上,這就是流星。

8.14 為什麼會出現流星?

晴朗的夜晚,夜幕無邊,繁星閃爍。突然地,你會看到天邊出現一道亮光,緊接著,這道光會快速地在天空劃出一道長長的曲線,這就是流星。這曇花一現的身影令人驚嘆。

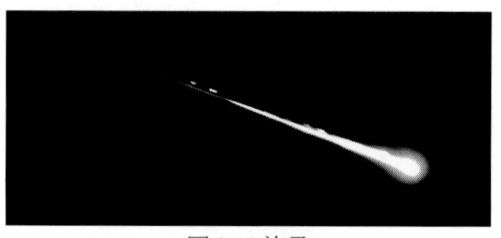

圖 8-13 流星

第八章　天體運行的力學

那麼，流星究竟是在什麼條件下產生的呢？

原來，在靠近地球的宇宙空間中，不僅僅有各種行星，而且有許多不同類型的星際物質。它們大小不一，小的可能似塵埃，大的則有可能像一座山。在宇宙中，它們都有著它們自己所獨有的速度和軌道。它們獨立運行，互不干擾。這些星際物質也叫做流星體。

這種流星體靠反射別的星體的光線來發光，當它撞向地球的時候，有非常快的運行速度。有多快呢？速度大概介於 10km/s 到 80km/s 之間。當流星體以這樣高的速度穿過地球大氣層時，會和大氣發生劇烈摩擦，空氣被壓縮排而使流星體燃燒。這時候，空氣的溫度會驟然升高到幾千攝氏度甚至幾萬攝氏度。受這種高溫氣流的影響，流星體自身氣化發光是很自然的。

在大氣裡燃燒的流星體，不能立刻燒完，之後會在流星體運動過程中繼續燃燒，我們所看到的那條弧形的光便是這樣形成的。這就是流星現象。

8.15　星際旅行

　　我相信很多人都看過關於從一個星球飛到另一個星球這樣科幻題材的小說，例如儒勒·凡爾納（Jules Verne）的《環繞月球》(*Autour de la Lune*)、H·G·威爾斯（H·G·Wells）的《月球上最早的人類》(*The First Men in the Moon*)等，都是這種題材的代表作。

　　那麼我們不禁要問，這樣的星際旅行真的只能是幻想嗎？那些令人嚮往的情節都無法成為現實嗎？現在我們且不論它是否可實現，我們先來看看人類的第一艘宇宙飛船，這是由蘇聯科學家謝爾蓋·科羅廖夫和克里姆·克里莫夫所設計的。

　　今天我們都知道飛機是無法將我們帶上月球的，因為飛機的飛行需要空氣的支撐，可是在宇宙空間中是沒有可供飛機飛行的支撐，因此如果我們想登上月球就只能另尋一種不需要任何介質就能自由行駛的飛行器。

　　其實這種飛行器和我們沖天炮異曲同工，只是這種「沖天炮」更大、裡面更寬敞一些而已。這種飛行器要能承載大量燃料，可隨意改變運動方向，也就是我們今天熟知的宇宙飛船。太空人乘坐宇宙飛船可從地球飛到其他星球上，不過由於太空人要操縱飛船，加速，控制方向，因此有著一定的危險性。

第八章　天體運行的力學

　　科技的發展真的越來越不可思議,似乎不久前我們才開始冒險試飛,今天我們就可以自由飛翔於天空和海洋之間。難以想像,多年後的科技會發展到何種高度,或許那時星際旅行早就是一件司空見慣的事情了吧。

第九章　故事中的力學

　　寓言是文學作品的一種體裁,常帶有諷刺和勸誡的性質,假託故事或用擬人手法說明某個道理或教訓。「寓」有寄託的意思,最早見於《莊子・雜篇・寓言》,現在流行的寓言有《伊索寓言》、《克雷洛夫寓言》等。寓言是人們喜聞樂見的一類文學作品,對人的成長是非常有幫助的。本章選擇幾篇與力學關係密切的寓言故事加以分析,進一步說明寓言含義的廣泛性。

第九章　故事中的力學

◇◇ 9.1　「司馬光砸缸」中的力學問題 ◇◇

司馬光是宋朝的史學家，「司馬光砸缸」的故事已被選入了兒童讀本。這是一個眾所周知的古代寓言故事，其中的道理十分淺顯易懂，但若從力學的角度去分析，卻不是一件容易的事，它涉及材料力學脆性斷裂問題。

知識加油站：

材料力學是常講的三大力學（理論力學、材料力學與結構力學）之一。材料力學是一門研究構件的強度、剛度和穩定性的學科。

這個廣為流傳的故事雖然情節簡單，但作為討論的依據，還是需要引用一下原文的表述。

《宋史·司馬光傳》中的一段文字被認為是「司馬光砸缸」故事的出處。

「司馬光，字君實，陝州夏縣人也。父池，天章閣待制。光生七歲，凜然如成人，聞講《左氏春秋》，愛之，退為家人講，即了其大旨。自是手不釋書，至不知飢渴寒暑。群兒戲於庭，一兒登甕，足跌沒水中，眾皆棄去，光持石擊甕破之，水迸，兒得活。其後京、洛間畫以為圖。」

9.1 「司馬光砸缸」中的力學問題

圖 9-1 是人們根據「司馬光砸缸」作的畫，為了說明故事的真實性和受力的破壞情況，以下分四個方面進行分析。

圖 9-1 司馬光砸缸

1. 結構因素

首先澄清一點，司馬光砸破的是甕而不是缸，這一點原文寫得很清楚。甕與缸是兩種不同的器物。缸是農戶家中常見的容器，大多是圓筒狀，底部直徑略小，缸體厚重，一般放在廚房用於存放飲用水。甕則是上、下略小，腹部較大呈鼓形的容器。甕除了沿口部較厚，其餘部位壁厚相對較小。缸和甕兩者的高度都略大於 1m。普通的水缸直徑約 0.5m，而大號的甕則粗得多，最大直徑接近 1m。司馬光家的甕放在後花園裡，雖然也是存水，但大概是用於收集雨水澆灌花草用的。這種甕裝滿水後可視為一個壓力容器，根據材料力學公式，其最大拉應力 $\sigma = Pd/2t$，其中 p 是水的壓強，D 是內徑，t 是壁厚。顯然甕應力最大、強度最薄弱的點在腹部最大

第九章　故事中的力學

直徑處。從圖 9-1 可見，圖的作者正確理解和反映了原文的意境，甕的外形和被砸的優先破口位置都是正確的。

2. 動荷重因素

「司馬光砸缸」中的「砸」是個關鍵的動詞。砸是指用沉重的東西對準物體撞擊。根據力學原理，動荷重作用產生的破壞力會遠大於靜力作用。司馬光砸破缸並不需要用太大的石頭，直徑不小於 10cm 的石頭已經足夠了。設石頭以水平運動速度撞擊缸體，其動荷係數為 $K_d = v/(g\Delta_{st})^{\frac{1}{2}}$。如果司馬光是把石頭高舉過頭後砸下去的，可進行如下的動荷重分析。

設石頭重 2kg，舉起石頭的初始高度為 1.5m，落點高度為 0.5m，落差 h0=1m。將這一重力勢能等效地轉換成水平運動速度，有 v2=2gh。假設重物以靜荷重方式作用於衝擊點產生的彈性靜位移小於 1mm，代入後得到的動荷係數將達到近 50 倍的量級。石頭砸缸的衝擊力可達 1kN 的量級。一般的大口徑陶瓷製品在如此強烈的撞擊下肯定會碎裂。在這個簡單分析中，還沒有考慮石頭出手時的初速度。

3. 材料因素

缸和甕都是用陶土做胎燒製而成的，一般內部需上釉面以防滲水。這種材料的抗拉（或抗彎）強度是很低的。對於直徑較大的甕，可導致甕碎裂所需的撞擊力並不是很大。我

9.1 「司馬光砸缸」中的力學問題

們看到展銷大件瓷器時，有時會不小心碰碎了展品，這種展品是高品質的細瓷器。司馬家是世代官宦人家，當時司馬光的父親官至縣太令，既然有寬敞的後花園，那麼存水的甕也可能是細瓷做的高檔瓷器。若果真如此，這個甕的材質密度大且硬度高，但甕壁一定很薄，質地一定很脆，故也易於被砸碎。

原文對砸甕的過程用「光持石擊甕破之」描述，這說明司馬光不是拋石砸甕，而是手持石塊撞擊甕壁。這種擊打方式力度偏小，是否能達到擊破甕的效果呢？陶瓷是典型的脆性材料，像玻璃一樣，對局部缺陷產生的應力集中非常敏感。持石擊甕可能不會一下就砸出大洞來，但尖銳的石頭很容易砸出表面傷痕，從而產生裂痕。而接下來對同一作用點的持續擊打易於產生大裂痕並迅速擴展，導致疲勞破壞。通常斷裂方式是從受力點開始先產生徑向裂痕，然後是沿徑向裂痕端部形成環向裂痕，最終斷裂成一個大致為圓形的洞。只要撞擊力不是非常小，經過有限次撞擊甕就會被打破。

4. 人為因素

文獻的原文沒有對司馬光砸甕過程進行更多的細節描述，但提到有人將此故事畫圖宣傳，可惜無從尋找這些圖畫。即使這些圖畫存在，也難以作為憑據，因為它們可能僅僅是根據口頭相傳的故事而作，並不一定是真實情形的寫

第九章　故事中的力學

照。既然如此，故事中的情節就可能包含了作者的想像和藝術誇張，即人為因素影響。圖 9-1 中所畫的司馬光身材明顯比其他孩子高大一些，砸甕效果也存在類似的藝術誇張。一塊石頭砸出的洞如此之大，使得落水兒童隨水流湧出，這就不免給人一種錯覺，司馬光應該是搬起一塊巨石砸甕才能達到如此成功的救人效果。但畫畢竟屬於藝術品，我們不能按照作為科技論文證據的標準去苛求。

9.2　「曹沖稱象」中的啟示是什麼？

《三國志》載有「曹沖稱象」的故事原文，其文曰：「鄧哀王衝字倉舒。少聰察岐嶷，生五六歲，智意所及，有若成人之智。

時孫權曾致巨象，太祖欲知其斤重，訪之群下，咸莫能出其理。衝曰：『置象大船之上，而刻其水痕所至，稱物以載之，則校可知矣。』太祖大悅，即施行焉。」

用現代語言可以這麼表達這個故事：吳國的孫權送給魏國的曹操一只大象，曹操從來沒有見過大象，好奇地想知道大象到底有多重，於是讓他的臣子們設法稱一稱。這頭大象太大了，平日裡足智多謀的大臣們絞盡腦汁也沒有想出一個可行的辦法來。就在大家束手無策想要放棄的時候，曹操 7

9.2 「曹沖稱象」中的啟示是什麼？

歲的兒子曹沖，突然開口說：「我知道怎麼稱了！」按照曹沖的設想，眾人把大象趕到一條船上，看船體沉入多少，在船身上刻線做記號。然後把大象趕回岸上，把一筐筐的石頭搬到船上，直到船下沉到剛剛刻的那條線上為止。接著，再把船上的石頭逐一稱過，全部質量加起來就是大象的質量了。

請讀者仔細想想，「曹沖稱象」展現了什麼力學原理呢？

1 等效代換和疊加原理

從科學的角度來認識「曹沖稱象」，確認其科學原理並指出它在科學實踐中的指導作用是非常有意義的。實際上，「曹沖稱象」是要解決一個力學難題。在當時的技術條件下，用常規的直接稱重顯然是行不通的，只能採用間接測量的辦法才能化不可行為可行。從力學角度看，曹沖所用的方法是在材料力學中常用的等效代換和疊加原理。有人認為「曹沖稱象」是阿基米德原理直接應用的案例，這是一種誤解，因為曹沖並未計量船體排開水的體積。而等效代換的方法在這裡具體體現為靜力等效。用一堆石頭代替大象，使船達到同樣的吃水深度，就是實現了靜力等效條件——兩個力系的主向量和主矩相等，其作用效果（使船達到的吃水深度）也相等。先逐次稱出每塊石頭的質量，然後再累計求和得到大象的質量，這是應用了疊加原理。疊加原理需要建立在分量與總量之間滿足線性關係的基礎之上，實際應用步驟是先將不能直

第九章 故事中的力學

接計量或計算的問題適當地分解為若干個在計量技術上或求解方法上可行的簡單問題,完成單獨計量或計算,然後再疊加求和,得到最終答案。求解複雜問題優先採用簡單的方法是材料力學遵循的一個原則,疊加法就是這一原則的例子。

2 現代版的「曹沖稱象」

雖然曹沖稱象的方法在當時是很先進的,但畢竟效率低且誤差較大。有沒有更精確和有效的方法呢?在現代人看來,當然有。

(1)直接法稱重。據報導,曾有動物園上演了一幕現代版曹沖稱象,一位周姓物理老師當眾表演了替大象稱重的全過程。稱象現場就在大象館旁的空地上。一臺吊車、一個特製的 10m^2 鐵籠、一根 10m 長的槽鋼,作為稱象的輔助工具。一個借來的彈簧測力計作為專門的測量工具。依靠香蕉引路,一頭 10 歲的公象邁著沉重的腳步,緩緩踱進鐵籠。作為秤桿的槽鋼掛在起重機的吊索上,作為秤砣的測力計與作為秤盤的鐵籠分掛兩邊,距起吊點距離分別為 6m 和 5cm。當老師垂直向下拉動測力計時,起重機緩緩地提升,抬起裝有大象的籠子使其離地幾公分。老師奮力向下拉動測力計,終於使秤桿達到了平衡位置,此時測力計顯示為 250N。根據力矩平衡,計算出大象和鐵籠總質量為 3t,去掉鐵籠質量 0.6t,得到大象質量約為 2.4t。據說這一數字與馴獸師提供的

實際體重相差無幾。

應該說這次稱象採用了直接法，測力計和吊車等工具的使用展現了技術上的進步，槓桿比達到了 120 倍，使得當年曹操大臣的稱象設想成為現實。然而，這個稱重方法並不高效。即便在正式稱重前做了很多準備，當天依舊花了 7 個多小時才完成測量。至於稱象的精度，可以相信測力計的讀數，但上述力矩平衡計算中並未考慮作為秤桿的槽鋼質量的影響，這會造成低估的結果，該誤差不應該被我們忽略。

(2) 疊加法稱重。發明愛好者小王參加了電視節目舉辦的用彈簧秤稱大象比賽，因測量結果最接近大象的實際質量，最終奪得了比賽的大獎。

據介紹，當時有明星大學隊、網友隊等共 10 個隊參賽。經過兩天比賽，由小王一家三口組成的隊伍採用的分力裝置組合方法，得出的結果最接近大象的實際質量 2.1t，獲得了第一名。雖然幾所大學教授的稱象原理分析得頭頭是道，但結果與實際質量卻相差半噸以上。

「我的方式很簡單，」小王說，「先讓大象的一只前腳踩在自製的秤盤上，再讓一只後腳去踩（圖 9-2）。前後腳質量相加，就是大象體重的一半，乘 2 就得出大象的質量。」當時大象一隻前腳踩上秤盤後，彈簧秤得出的數值為 3kg，一只後腳數值為 3.5kg。「3 加 3.5 乘 2，翻 160 倍就是大象的質量。象的質量是 2.08t」。

第九章　故事中的力學

圖 9-2 小王稱象比賽現場情景

　　小王的方法聰明之處在於充分利用了疊加原理。稱重分兩次進行，每次測量一隻象腳的壓力，再利用對稱性翻番得到四隻腳的全部壓力。雖然報導中沒有解釋翻 160 倍是怎麼回事，我們還是可以想到這是測量的槓桿比，猜想彈簧秤的量程是 5kg，測量的兩個讀數分別為最大量程的 60％和 70％，這一槓桿比取值有利於提高測量精度，避免增加測量誤差，因為通常的測量誤差主要發生在量程的 20％以下和 80％以上的範圍內。

3　動態力的測量

　　繼續引申一下，採用等效代換方法能否測到動態力的大小呢？下面給出一個在給定條件下測量的案例。

　　某次考試出了一道題：「小剛利用一臺測體重的檯秤、一張紙、一盆水就粗略地測出了排球擊在地面上時對地面作用

9.2 「曹沖稱象」中的啟示是什麼？

力的大小，你能說出他是怎樣做的嗎？」從考場巡查情況來看，這是一道看似簡單，然而是拉開等級的難題。絕大多數參賽學生無從下手，就連在考場上參加監考的幾位物理教師也直搖頭。比賽之後一位教師與該考區唯一答對該題的學生之間發生了下列對話。

師：考場上，我看只有你一個人動筆做第五題，你做這道題順利嗎？

生：不太順利，我至少花了30分鐘。

師：你是怎樣思考這道題的？

生：開始時一點思路都沒有，總覺得似乎條件不夠，又不知道題目中所給的紙有什麼用處。

師：後來你又是如何找到突破口的呢？

生：我突然想到了曹沖稱象。

師：曹沖稱象與這道題風馬牛不相及，怎麼會幫上你的忙？

生：您曾經跟我們講過，曹沖稱像是間接測量的好辦法，是值得借鑑的。我想這道題直接測量行不通，因此就想到間接測量。

師：原來是這樣，你把解答這道題的方法說說，我看是否可行。

生：好的。第一，把紙鋪在水平地面上，再將放在盛有水的盆裡弄溼後的排球由上而下垂直拍擊在紙上（只拍擊一

第九章 故事中的力學

次），排球就在紙上留下一圓形水印；第二，將留有圓形水印的紙平鋪在臺秤上且讓有水印的一面向上，然後將排球放在紙上的水印中心並用手壓住排球上部，緩慢向下出力，這時排球與紙接觸的部分將發生形變逐漸遮蓋紙上的水印，記下水印剛好被排球遮蓋時臺秤的讀數，這一讀數表示的力的大小就等於排球擊在地面上時對地面的作用力大小。

師：非常漂亮，你這真是「山重水複疑無路，柳暗花明又一村」。

關於上述測量方案的分析如下。

上面的對話已對題目的解答表述得十分清楚了。有人可能會提出這樣的問題：臺秤能夠測量靜態的壓力，能不能直接測量動態的？如果把排球直接拍在臺秤上，臺秤顯示的讀數與排球擊打在地面上的壓力是否一樣呢？

從表面上看，這樣的測量沒有用上一盆水和一張紙的給定條件，但這還不是問題的關鍵所在。應當從測量原理上考慮，找出兩種方案的差別。按照材料力學自由落體衝擊的動荷理論，其動荷係數可表達為

$$K_d = 1 + \sqrt{1 + \frac{2h}{\Delta_{st}}} \qquad (9.1)$$

式中，h 是自由下落高度，Δ_{st} 是衝擊點處的靜位移。上例中排球不是自由落體，而是從某一高度 h 處擊打落地，

9.2 「曹沖稱象」中的啟示是什麼？

因此需考慮排球在初始位置時有一個初速度 v。按照機械能守恆原理，可將初始時刻排球的動能等效地轉化為重力勢能，即折算成一個相當高度 h0。可得 $h_0 = \dfrac{v^2}{2g}$，代入式（9.1）後，得

$$K_d = 1 + \sqrt{1 + \frac{2h + v^2/g}{\Delta_{st}}} \qquad (9.2)$$

如果排球的自重是 P，那麼理論上講排球擊打在地面上的壓力是 KdP。這個表達式可以用來對測量值進行校核。

這個競賽題是模擬實踐題，但是分析時需要用到理論依據，這主要展現在上述兩式中的靜位移 Δst 上面。如果排球直接拍在臺秤上，相應的靜位移不僅僅是排球本身的彈性變形，還包括臺秤的臺面由於內部彈性零件承受排球重力時發生變形而降低的位移量。這表明把排球直接拍在臺秤上時臺秤顯示的讀數與排球擊打在地面上的壓力是不一樣的。如果從能量的角度來解釋，排球擊打硬地面時（假設為剛性的），可以認為其初始動能和重力勢能全部轉化為排球的彈性勢能，衝擊力較大；排球擊打在臺秤上時，臺秤的彈性變形會吸收一部分能量，因此此時衝擊力會偏小。根據彈性變形的性質，排球與撞擊平面相接觸的範圍只取決於作用力的大小，而與作用方式無關。這一分析證明了那位考生解答的正確性。

第九章　故事中的力學

溫馨提示：三國時代，在技術上不能實現對大象的直接稱重，曹沖稱象法無疑是一個先進的方法。曹沖稱象的力學是利用了靜力效應的等效變換和疊加原理。曹沖稱象給我們的啟示是尋找一個實際可行的辦法成功地實現間接測量。從創新思維和方法論的角度來看，解決難題需要破除已有的思維定式，另闢蹊徑，總會找到有效的替代方法。「山重水複疑無路，柳暗花明又一村」是創新境界的真實寫照。

9.3 梭子魚、蝦和天鵝拉貨車

克雷洛夫有一則寓言故事是關於梭子魚、蝦和天鵝拉貨車的。有一天，梭子魚、蝦和天鵝一同去拉一輛裝滿了貨物的大車。牠們拚命地拽，個個拽得臉紅脖子粗，可是它們無論怎樣拖呀，推呀，拉呀，大車還是待在原地，不肯挪動一步。其實並不是大車重得動不了，而是另有緣故。天鵝使勁往天上飛，小蝦弓腰往後退，梭子魚卻步步想往河裡去，究竟誰對誰不對，我不知道，我也不想深究。我只知道，那輛貨車至今還停留在老地方。

溫馨提示：這則寓言故事說明，合夥做事的人如果心不齊，辦事就一定不順利，事業就不會成功，一切努力都會白費。

9.3 梭子魚、蝦和天鵝拉貨車

這則寓言故事如果用力學觀點來分析，其實是一個有關力學作用力合成的問題。在寓言中，有三種力的存在，它們的方向分別是：天鵝朝天上拉，蝦向後拽，梭子魚則往水裡拖。

其實在這個故事中，除了如圖 9-3 所示的三種力，天鵝朝天上拉的力（OA），蝦向後拽的力（OC），以及梭子魚往水裡拖的力（OB）以外，還有一個時刻存在容易被忽略的重力，這股力永遠垂直向下，四個力互相作用，互相抵消，最終合力為零，也就使得故事的結果是車子靜止不動。

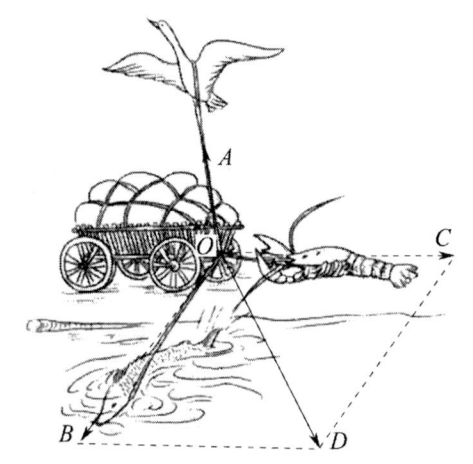

圖 9-3 梭子魚、蝦和天鵝合力將貨車拉下河示意圖

可是事實真的是這樣嗎？我們且來細細分析。天鵝向上的拉力和貨車的重力恰好是一對相反的力，本來書中就告訴我們貨車很輕，也就是質量很小，這樣兩個力相互作用就會

第九章　故事中的力學

減小甚至抵消,為了計算方便,我們暫且認定這兩個力互相抵消了。這樣就只剩下蝦和梭子魚的兩個力。透過寓言我們知道,蝦的力是向後的,而梭子魚的力是向水裡的,毋庸置疑,河流必然是在貨車的側面,這樣就會使得蝦和梭子魚的力之間並不相反,而是產生了一個夾角,而兩個有夾角的力相互作用,是無論如何不會完全抵消的,這也就是說其實這四個力的合力是無法為零的。

現在,我們以 OB 和 OC 兩個力為邊做一個平行四邊形,那麼對角線就是它們的合力,這個合力最終會導致貨車發生位移,至於具體位移的方向就要由四個力的最終作用來決定了。

據上,我們了解到四個力的合力不為零,也就是說貨車不會靜止不動,這與寓言中的描述相反,那麼唯一的可能就是天鵝向上的拉力和貨車重力之間不能相互抵消,那麼就預設貨車的重力很大,即貨車的質量大,可是這又與「大車並不是重得動不了」不符。

因此,我們可以得出結論,這則寓言從力學上分析是不合理的,可是其思想意義還是很深刻的。

9.4 螞蟻的「合作精神」

我們已經分析了上則克雷洛夫的寓言,從力學上說明這則寓言是不成立的,可是作者是藉此向我們闡釋一個道理,即大家要同心協力才能成就事業。

因此克雷洛夫最為推崇螞蟻,因為在他看來螞蟻是最具合作精神的動物,可事實上螞蟻在合作的外表下,其實各行其是。

一位生物學家曾向我們提供了一個有關螞蟻不合作的例子。圖 9-4 為 25 隻螞蟻拖拉一塊長方形起司的示意圖。從圖中我們可以看出起司正緩緩地朝著箭頭 A 所指方向移動。從現象上看螞蟻們似乎已經互相合作,前面拉、後面推,可是事實上卻不是這樣。

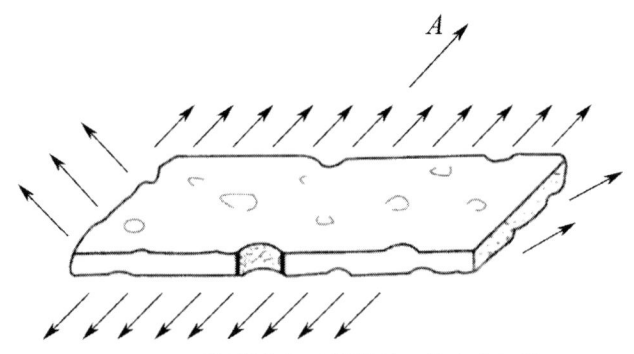

圖 9-4 一群螞蟻將起司沿箭頭 A 的方向拖動

第九章　故事中的力學

　　我們只需將後排的螞蟻隔開，就能很清楚地看到起司移動的速度明顯加快了。換句話說，其實後排的螞蟻一直在阻撓起司的前進，起司之所以會向前移動，是因為前排螞蟻的數量足夠多，力量足夠大。這何嘗不是一種資源的浪費呢？

　　這種現象馬克·吐溫也發現了，他曾敘述過一個關於兩隻螞蟻搶螞蚱腿的故事：兩隻螞蟻分別咬住螞蚱腿的兩端，各自向不同的方向使勁，結果螞蚱腿紋絲不動，於是牠們互相爭執，然後又和好，接著繼續分別使勁，再爭吵……牠們周而復始地重複著這樣的步驟，最終一隻螞蟻受傷了，於是牠索性吊在螞蚱腿上，而另一隻沒有受傷的螞蟻就連著同伴和獵物一起拖走了。

　　此後，馬克·吐溫還曾詼諧地說：「草率認定螞蟻是合作者的科學家是不負責任的。」

9.5 「團結就是力量」的力學分析

　　俗話說：「人多力量大」，這展現了人多勢眾帶來的力量積聚效應。然而，準確地說，團結並非是指人多力量大，因為人多並不一定力量大。「一個和尚挑水喝，兩個和尚抬水喝，三個和尚沒水喝」，說明力量和辦事效果並非與人數成正

9.5 「團結就是力量」的力學分析

比，還存在同心與離心的區別。「打虎還得親兄弟，上陣須教父子兵」歸納了團結必須具備的兩個要素：信任和協力。這裡所說的力量其實包含了人為因素和精神因素，從這個角度看，團結的力量是難以被準確衡量的，它只是社會學的一個形象比喻罷了。

團結的力量到底有多大？有人認為也許根本不能度量，但如果排除人為因素和精神因素，就有不同的結論了。籬笆上的幾個樁可以互相支撐，提高承受外力的能力，可以說是展現了團結的力量，這種能力的增強是可以被測量到的。可是，籬笆是一種平面結構，適合用於承受平面內載荷，如果一個樁受到離面方向的外力，另外的兩個樁就難以有效地發揮它們的助力作用了。

上面談的是結構力學觀點，現讓我們把目光移到材料力學，以桿件的組合截面問題為例進行分析。

古代寓言中的「七根筷子」最能恰當地展現團結的力量。有一個老人，他有 7 個兒子，兒子之間的關係很不和睦，這使老人十分憂慮。臨終前，老人把 7 個兒子叫到床前，給了他們每人一根筷子，讓他們把筷子折斷。7 個兒子都很輕鬆地做到了。老人又拿出 7 根筷子，將它們合成一捆，並用繩子綁緊，然後依次讓兒子們試著去折斷，可是這次沒有一個人能做到。雖然沒有明言，但兒子們還是由此領悟了老人的

第九章　故事中的力學

心願：希望兒子們從今以後團結在一起，有了強大的力量就不會被別人欺負了。

寓言的道理是顯而易見的，可是有一個問題卻很少有人思考過，那就是折斷七根筷子所用的力量是折斷一根筷子的多少倍。這也就是本節討論的主題：團結的力量到底有多大？從什麼角度和途徑可以評價和定量地分析出團結的力量？下面讓我們藉助材料力學的理論做個概括的、形象的計算說明吧。

在此用一根直徑為 d 的圓截面桿（圖 9-5a）代表一根筷子。截面對其形心軸 x 的慣性矩為 $I_{x0} = \frac{\pi d^4}{64}$，代表此截面抵抗彎曲變形的能力；截面的抗彎截面模量為 $W_{x0} = \frac{\pi d^3}{32}$，代表截面抵抗彎曲破壞的能力。如果用 7 根相同的圓桿組成圖 9-5b 所示的組合截面，代表捆緊的一束筷子，按照組合截面幾何性質的分析方法可以得到組合截面的慣性矩 Ix 和抗彎截面模量 Wx，分別為 $I_x = \frac{55\pi d^4}{64}$，$W_x = \frac{55\pi d^3}{48\sqrt{3}}$。折斷筷子所需的外力是危險截面上的最大彎矩，它等於抗彎截面模量與彎曲強度的乘積。如果筷子的彎曲強度是個常數，那麼折斷筷子所需的外力與抗彎截面模量成正比。計算可得到 $\frac{W_x}{W_{x0}} \approx 21.2$。需要說明以上計算只是理論上的一個極限分析，即假定筷子捆得很緊形成一個組合截面，能夠按整體那樣共同承受彎曲。

9.5 「團結就是力量」的力學分析

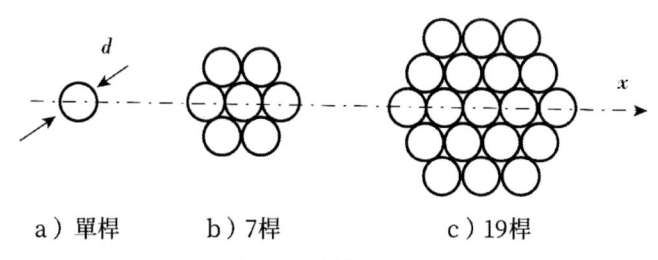

a）單桿　　b）7桿　　c）19桿

圖 9-5 組合截面示意圖

如果捆得不緊而稍有鬆懈，截面的抗彎能力就會大打折扣。如果筷子束完全不加捆綁，即團而不結，是一個鬆散結構，那麼這個筷子束相當於一個疊合梁。忽略摩擦效應時疊合梁承受的總彎矩由每根筷子平均分擔，其總的抗彎能力僅是單根筷子的 7 倍。

依據上述計算可以得出如下結論：在「七根筷子」的案例中，7 倍的力量只代表群體的力量，21 倍的力量才是「團結的力量」。緊密「團結」的群體產生的力量不是 1+1=2 的關係，而是具有顯著得多的力量倍增效應。如果排除掉因筷子數量增加產生的力量增量，七根筷子「團結」產生的淨效應就是那多出來的 14 倍力量。

現在再考慮圖 9-5c 所示的組合截面桿，它由 19 根相同的圓桿組成。透過相似的計算不難得到 $I_x = \frac{403\pi d^4}{64}$，$W_x = \frac{403\pi d^3}{75\sqrt{3}}$。由此得到 19 根圓桿「團結一致」產生的力量是個體力量的 $\frac{W_x}{W_{x0}} \approx 99.3$ 倍，遠遠大於 19 倍。

第九章　故事中的力學

比較圖 9-5b、圖 9-5c 兩個組合截面的抗彎能力增加量，不難歸納出如下結論：組成整體的成員數量越多，團結顯示的力量倍增的效應就越顯著。

應該指出，「團結的力量倍增效應」與桿件的受力方式有關。上述分析是基於彎曲受力做出的，並非一個普遍規律。如果組合截面承受的是軸向壓力，就需要重新做出計算分析。

從社會上講也是如此，同樣多的人，進行不同形式的組合，其力也是不同的，故政府及各種組織的功能，就是根據國家的需求，組成各式各樣的團體，充分發揮每個人的力量，有效地為人類創造更多的財富。

我們假定圖 9-5a 所示的圓截面桿是細長桿，其受壓失穩的臨界力可用歐拉公式分析，這個臨界力與截面對其形心軸 x 的慣性矩 Ixo 成正比關係。再假定組合截面桿的桿端限制條件與單桿截面相同，並且仍然屬於細長桿。那麼，組合截面桿受壓失穩的臨界力與截面對其形心軸 x 的慣性矩 Ix 成正比關係。兩個臨界力之間的比值為 $\frac{I_x}{I_{xo}}$。對於 7 桿組合截面，這個比值等於 55 倍，對於 19 桿組合截面該比值等於 403 倍。這兩個比值分別代表了考慮穩定性條件下所顯示的「團結的力量」。不算不知道，一算嚇一跳。若依照日常生活經驗，人們很難想到緊密「團結」能夠產生的力量倍增效應是什麼樣的。

9.5 「團結就是力量」的力學分析

　　圖 9-5 中的兩個組合截面存在一個共同點，即截面存在多條對稱軸。組合截面外形看起來很像一個圓，這樣的截面滿足一個幾何特性：截面對透過其形心的任意一軸的慣性矩都等於同一常數。這種特性的優點是桿件在受壓穩定性方面不存在薄弱的方向。取一個反例，設想 7 桿截面重新組合成雙排布置，每排各含 3 根和 4 根桿件，並形成一個整體，即結而不團的情況。假設所有其他的條件都不變，計算分析一定會得出其穩定性會大打折扣的結論來。如果再擴展到人文的層面來看，應有相似的結論：一個有力量的團體，需要有個堅強而有力的領袖，善於發揮凝聚力；其他成員應當具有向心力，團結在領袖周圍。整個群體同心同德，協力共進。這樣的團體會有強大的力量。

　　有人或許會問，既然「團結的力量倍增效應」與桿件的受力方式有關，那麼在軸向拉伸的情況下，還會存在因「團結」而產生的力量增量嗎？這確實是一個值得思考的問題。因為按照材料力學，假定軸向拉伸時橫截面上的應力是均勻分布的，與截面的形狀無關，似乎組合截面的抗拉能力僅僅取決於參加組合的個體成員的數量。按照理想條件下的假定來說情況確實如此。其實我們只需考慮一下非理想條件下的情況，就會意識到增強「團結」的必要性。軸向拉伸時，實際的纜索（多桿組合截面）往往是一個靜不定結構。組成截面的每一個單元並非是完全相同的。當某一個單元，如一股繩的

第九章　故事中的力學

長度略短，它就會首先受到拉力並可能在極限條件下成為破壞的起始點。另外，如果一根纜索長度越大，存在內部缺陷的可能性就會越大，對於舊的纜索內部損傷缺陷是不可避免的。為了彌補這種缺陷，粗大的纜索往往做成多股多層，每一股又由多根鋼絲或其他纖維經過絞結而成，就像是搓成的麻繩。如此一來，纜索的每一組成部分都能被彼此扭靠、纏結在一起，擰成一股繩。這樣就能克服個體的缺陷，發揮出「團結」的優勢來。

總之，「團結的力量」是個社會學的概念，不可能用科學的方法直接給出定量的評價。「七根筷子」的寓言使人直接體驗到了團結的真實力量，這種比喻的手段直觀、生動，體現了寓言的魅力。利用材料力學中組合截面桿件的承載力分析原理，建立力學模型，定量給出了「團結」產生的力量倍增效應，使人進一步體會到個體、集體，以及不同程度團結的整體的承載力差別，這一分析體現了材料力學的魅力。

編後記

編後記

一、寫書的依據與意義

力學是一門基礎學科，也是一門技術學科，幾乎是所有工科學科的知識基礎，但它的理論較為抽象，難教難學。在某種程度上，力學影響著廣大年輕人學習科學技術的步伐。本人是一位資深力學教師和教育管理者，深知力學在學習理工科和科技發展中的作用，多年研究力學怎樣教怎樣學的問題，在報刊上也發表過幾篇論文，如〈損傷力學的泛系醫學分析〉登在《科學人》上；〈試論高等職業教育力學課程中替代力投影的可能性和必要性〉登在大學學報上，且被評為金獎。另外，本人在編寫力學教材和教輔中也累積了大量力學科普資料，幾年前就決心寫一本力學科普讀物，以解決力學難教難學的問題，並用來提高年輕人學習力學的興趣和學習能力。科普應當採取民眾易於理解、接受、參與的方式。

二、本書寫作體會

本人一生都在學校工作，一直從事教育事業，不但教書育人，也在育自己。自己養成了讀書習慣，不管什麼時候、什麼場合，只要有條件就會如飢似渴地看各種書報雜誌，且

細心記錄自己認為有用的資料，一旦有了心得體會，總想把自己掌握的有用知識，盡力傳給後人，不傳總覺得心裡不舒服。現在我退休了，不能講課了，怎麼辦呢？想來想去，我認為有兩方面工作可以嘗試，一方面義務為社會服務，隨時隨地做點力所能及的教育工作；另一方面是寫作，將自己一生累積的知識用文字表達出來，編成書或寫成文章發表，供人傳閱。本人退休後出版了二十多本大專與大學的力學教材和教輔，這些書能在社會上流傳，我心裡十分滿足。近幾年本人學著寫科普書，也取得了一點成績，如 2019 年出版了兩本科普書，一是《衣食住行寶典》，二是《當今人類生存之境》，不但出版了紙質書還出版了電子書和音訊，現正在喜馬拉雅網站全天播放；2020 年又出版《人類起源與瘋狂進化》科普書，已交稿。

　　這本書，是我花費一年多的時間，在總結上述三本科普書編寫經驗的基礎上寫成的。這本書主要講述生活中有趣的科學問題，是用力學原理解釋生活現象，是力學知識在生活中的具體應用。書中涉及的力學知識很廣泛，且有些力學知識不少人沒有學過，但只要結合實際，在生活情境中學習，理解起來一般不會很困難。再說，如果讀一本書不用任何思考，一看就懂，那讀這種書有什麼意思呢？在我看來，真正適合自己的好書應該是看起來不大費力，遇到大部分問題若認真思考一下，基本上能夠弄懂，就算一時弄不清，經過後

編後記

續再次認真閱讀，看看「知識加油站」，查查有關科普書也就解決了。這才是適合自己學習的好書。

本書就是屬於這種耐人尋味，將講述、淺說、趣談三種文體融於一本的力學科普讀物。

講述是科普創作中最常用的一種文體，它透過通俗的講解和敘述，來介紹某種科學知識或應用技術。淺說這種文體一般保持了原有的科學體系，但迴避了複雜的數學公式和深奧的專有名詞、定理等，用簡明、流暢、生動的文字，通俗地介紹某種科學知識和技術。趣談在淺說文體的基礎上，以引人入勝的故事，生活中常見的現象，以及諺語、成語、詩詞等著手引入正題，力求做到深入淺出地介紹某些科學知識。趣談常常使用一些生活的、歷史的、文學的故事，或富有哲理的寓言來吸引讀者。趣談透過旁徵博引、涉古論今、談天說地的方法，既給予人知識，又給予人樂趣。大家都知道，興趣和樂趣是人們自覺學習知識的原動力，只要人們對某門科學產生了興趣，並從中體會到樂趣，那麼就會無師自通。這種例子不勝列舉。

凡是喜歡讀書的人，大概都有這樣的體會，在閱讀某一主題的科普作品時，總要帶著生活中碰到的許多問題進行閱讀，當碰巧讀到自己生活中遇到的問題時，就會立刻產生濃厚的學習興趣，求知欲也會變得強烈。在這種求知欲極高的

情況下，學習涉及的力學知識或其他相關知識，理解力會大幅度提高，學習效果也就十分明顯了。人們常說，力學抽象、難懂、難教，其實只是教學方法和學習方法不恰當罷了。力學和其他科學都來源於生產、生活實踐，而現在是透過生產、生活中的有趣故事來講授力學，知識當然會變得好懂易學了。再說，這本書所涉及的力學和其他科學知識，大部分在國高中物理及有關力學中學過了，在本書中只講其應用而已。書中另設「知識加油站」、「溫馨提示」等欄目，讀者只要具有國中以上的程度，大部分內容都是可以讀懂的。

　　書是寫給大眾看的，有年輕人，也有老年人；有文化知識程度高的人，也有文化知識程度低的人；有閱歷深的人，也有閱歷淺的人……書的內容不可能適合每個人，只要適合大部分人就行了。

　　再次提醒的是，書中所有科學知識幾乎都有解釋，只是分散在各處而已，要弄懂這些問題，就要翻看全書。讀者可以在閱讀過程中將不懂的問題記下，當書讀完了，不懂的問題也就迎刃而解了。

　　本人退休了，現在編書一不求名，二不謀利，主要是將自己所學回饋社會，使自己生活充實、身體健康、精神愉快、擺脫寂寞，日子也好過一點。本書在編寫過程中參考了不少資料，已在書後列出所參考文章的出處及作者的姓名。

編後記

因部分參考資料是多年之前的,若所列參考文獻有錯誤或遺漏之處,還請各位作者體諒。

最後預祝讀者們,透過本書的學習,真正學到一些有用的生活科學知識與技能,改變自己的一些生活理念,提升自己的生活品質,盡力改善自己的人生道路。

由於能力有限,文中錯誤之處在所難免,望讀者不吝指正。

主要參考文獻

主要參考文獻

[01] 丁光宏，王盛章. 力學與現代生活 [M]. 上海：復旦大學出版社，2008.

[02] 劉仁志. 少年科技廣角鏡·無處不在的力 [M]. 北京：金盾出版社，2014.

[03] 武際可. 閒話家常說力學 [M]. 北京：高等教育出版社，2008.

[04] 李鋒. 材料力學案例：教學與學習參考 [M]. 北京：科學出版社，2011.

[05] 別萊利曼. 趣味幾何學 [M]. 北京：中國青年出版社，2008.

[06] 別萊利曼. 趣味力學 [M]. 哈爾濱：哈爾濱出版社，2012.

[07] 別萊利曼. 趣味科學 [M]. 北京：中國華僑出版社，2014.

[08] 李傑卿. 不可不知的世界 5000 年神奇現象 [M]. 武漢：武漢出版社，2010.

[09] 美狄亞. 神奇的驚天巧合 [M]. 北京：北京工業大學出版社，2017.

[10] 波拉克. 水的答案知多少 [M]. 北京：化學工業出版社，2015.

[11] 羅卡爾，夏瓦沙. 太陽系的歷史是什麼 [M]. 上海：上海科學技術文獻出版社，2017.

[12] 吳明軍，王長連 . 土木工程力學第 3 版 [M]. 北京：機械工業出版社，2018.

[13] 王長連，廖望 . 衣食住行寶典 [M]. 香港：中國國際文化出版社，2019.

[14] 王長連，王蓉 . 當今人類生存之境 [M]. 香港：中國國際文化出版社，2019.

[15] 中一 . 航太知識一本通 [M]. 北京：企業管理出版社，2013.

[16] 貝列里門 . 物理的妙趣 [M]. 北京：北京燕山出版社，2007.

國家圖書館出版品預行編目資料

當地球落在蘋果上，輕鬆有趣的課外物理學：引力 × 慣性 × 摩擦力……滾、滑、拋、飛，帶你破解生活中的物理魔法！/ 王長連 著 . -- 第一版 . -- 臺北市：機曜文化事業有限公司，2025.05
面； 公分
POD 版
ISBN 978-626-99636-0-7(平裝)
1.CST: 力學
332　　　　　　　114004240

電子書購買

爽讀 APP

臉書

當地球落在蘋果上，輕鬆有趣的課外物理學：引力 × 慣性 × 摩擦力……滾、滑、拋、飛，帶你破解生活中的物理魔法！

作　　　者：王長連
發 行 人：黃振庭
出 版 者：機曜文化事業有限公司
發 行 者：機曜文化事業有限公司
E ‐ m a i l：sonbookservice@gmail.com
粉 絲 頁：https://www.facebook.com/sonbookss/
網　　　址：https://sonbook.net/
地　　　址：台北市中正區重慶南路一段 61 號 8 樓
8F., No.61, Sec. 1, Chongqing S. Rd., Zhongzheng Dist., Taipei City 100, Taiwan
電　　　話：(02) 2370-3310　傳真：(02) 2388-1990
印　　　刷：京峯數位服務有限公司
律師顧問：廣華律師事務所 張珮琦律師

-版權聲明-

本書版權為機械工業出版社有限公司所有授權機曜文化事業有限公司獨家發行繁體字版電子書及紙本書。若有其他相關權利及授權需求請與本公司聯繫。
未經書面許可，不可複製、發行。

定　　　價：375 元
發行日期：2025 年 05 月第一版
◎本書以 POD 印製